中等职业教育示范建设课程改革创新系列教材
中职中专特色项目系列教材

# "皂"型艺术与创作

蒋海青 著

科学出版社

北 京

# 内 容 简 介

　　本书是一本关于香皂手工艺品制作的原创书籍，深入浅出、循序渐进地讲述了"皂"型手工艺品的设计制作过程："皂"型艺术基本材料、"皂"型艺术色彩搭配知识、"皂"型艺术品制作的方法与注意事项、"皂"型艺术的风格以及各种范例和制作步骤。

　　本书可作为中等职业院校和高等职业院校幼师专业及工艺美术专业的教材，也可作为普通高中和初中学生的手工课教材，同时还可供手工艺品爱好者学习使用。

图书在版编目（CIP）数据

"皂"型艺术与创作/蒋海青著. —北京：科学出版社，2015

（中等职业教育示范建设课程改革创新系列教材·中职中专特色项目系列教材）

ISBN 978-7-03-045185-9

Ⅰ.①皂… Ⅱ.①蒋… Ⅲ.①香皂－手工艺品－制作－中等专业学校－教材 Ⅳ.①TS973.5

中国版本图书馆CIP数据核字（2015）第155234号

责任编辑：范文环 王 为 / 责任校对：刘玉靖
责任印制：吕春珉 / 封面设计：耕者设计工作室
版式设计：罗 赛

**科学出版社**出版
北京东黄城根北街16号
邮政编码：100717
http://www.sciencep.com
北京中科印刷有限公司印刷
科学出版社发行　各地新华书店经销
*
2015年10月第 一 版　　开本：880×1230 1/16
2015年10月第一次印刷　　印张：5 3/4
字数：90 000
**定价：26.00元**
（如有印装质量问题，我社负责调换〈中科〉）
销售部电话 010-62134988 编辑部电话 010-62135763-2001

# 前　言

　　任何一件手工作品的制作都是一种具有复杂结构的创造活动。从材料的选择到制作方法、步骤的确定，从动手制作到不断修改和完善的全过程，都充满了创造精神，以及形象思维和逻辑思维的交融。在素质培养上有着其独特的优势，起着其他学科无法替代的作用。所以，幼儿园以及义务教育阶段，都有手工教育内容融入其中，中等职业学校和高等职业院校的一些专业也涉及手工制作与创作的教学。同时，随着人们生活水平的提高，生活与工作环境有了极大改善，人们对美的追求也越来越强烈。而且手工创作与制作已经成为一种新的休闲娱乐方式。

　　马克思曾说过：劳动不仅创造了美的自然界，美的生活和艺术，而且创造出懂得艺术和能够欣赏美的大众。手工制作，在某种意义上说，就是一个欣赏美、鉴别美、创造美的过程。

　　本书就设计而言，是集造型、色彩、材料、风格、空间于一体的艺术综合体现。就制作而言，是希望运用更简单的方法和技法，来引领初学者把生活中常见的香皂变成艺术品。利用大头针、缎带、珠片、花边等材料，运用一些设计方法和制作技法，引领手工爱好者把普通的香皂变成艺术品。书中讲述如何运用材料在香皂上，按序有规律地进行排列、缠绕、组合，可制作成挂件、香包、鞋子、花篮等装饰品和手工艺品。让学生和人们体验到纯手工制作艺术品的乐趣，丰富人们的精神生活。

　　本书的内容是编者多年的教学经验和积累。在编写过程中，注意理论联系实际，图文并茂，突出制作过程，以便初学者掌握。书中的基础篇、简约风格篇、田园风格篇、民族风格篇，都在本人教学中得到实施检验，所选用的图片是本人设计制作过程中拍摄记录的，另有少部分学生的设计作品图。

　　作为一个美术教师，在编写这本书的过程中困难重重，幸亏得到椒江职业中专语文组余丽青、骆晓菲、王菊珍和陈巧琴等老师的帮助。另外，徐燕飞老师的题诗，让本书品质得以提升；罗赛的图文版面设计，使本书的图文焕发光彩。在此特向上述各位给予帮助的朋友致以诚挚谢意！

蒋海青

2015年4月

# 目 录

# 后记

# Part 1
## 基础知识篇

### 灵感解读

寸心原不大

容得许多香

高与低　明与暗

和谐地呈现

聚与散　曲与直

疏密相间

各有各的精彩

形状、方向、色彩、质感

加一点灵感

精心打"皂"

想象和迷恋藏匿着乐趣

让生活　变成一种心情

享受别样的幸福

# "皂"型艺术与制作的概述

　　随着现代生活水平的提高，越来越多的人希望自己有一定的手作能力，能独立制作一些纯手工艺术品，可以把自己的情感融入其中，创作出好作品，送给自己或者心爱的人，想表达的浓浓爱意深藏其中，这是任何一家商店贩售的物品都不可比的。手工生活是一种态度，是一种提高自己的生活方式。那么，制作手工艺品应该从哪些方面入手呢？

　　可以从点状、线状、块状作品入手制作。

　　点状、线状、块状设计和制作是一些手工爱好者必须掌握的知识。制作点状作品，常见的材料有石头、珠子、谷物颗粒等，制作线状作品常见的材料有绳索、竹签等，制作块状作品常见的材料有石膏、香皂、贝壳等。将这些相关材料进行排列整合，使之成为一幅画或者一个手工作品，是幼儿园实践教学中，以及手工爱好者等广泛运用的技能。如何将块状、线状和点状知识融合在富有创意的"皂"型艺术创作当中，是手工制作者一直期待突破的一项创新技能。

　　"皂"型艺术与制作的主要材料是各种香皂、缎带、大头针。它融点状、线状和块状材料于其中。香皂是块状材料，缎带是线状材料，大头针是点状材料。利用这些材料，把这些点线状材料在块状香皂上按序有规律地进行排列、缠绕、组合，制作成衣物、挂件等实物装饰品和手工艺品，融合设计者的大胆创意，设计制作出色彩鲜艳、样式独特、制作精巧、香气扑鼻的纯手工制作艺术品。

　　本书主要从"皂"型艺术基本材料介绍、"皂"型艺术色彩搭配知识、"皂"型艺术制作的方法与注意事项、"皂"型艺术的风格以及各种范例和制作步骤来进行阐述。

# 香皂手工艺品的制作材料

制作香皂挂件、香包、花篮等手工艺品需要的材料有以下几种：

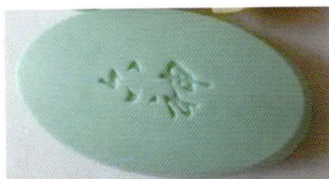

**香皂** "皂"型手工艺品要求香皂底模厚度能够保证，且形状最好是多样。香皂不仅具有清洁杀菌护肤、擦洗干净家居、能充当润滑剂等，通常香气扑鼻。香皂有不同品牌、香气、造型、厚度。你可以选择自己喜欢的香皂为底模。

**丝带** 就是手工制作的一种精致带子，有缎带和丝带等。它们有很多颜色、图案、织法、质地和宽度。种类很多，如涤纶带，丝绒带，彩葱绒带，金葱绒带，雪纱带，金银葱带，包边带等。

质量好的丝带可以制成魅力十足的底模、绢花制品和花边等，选择制作绢花的丝带，需考虑颜色、质地重量、柔软度、宽度等。

丝带的色彩搭配关系到一件"皂"型手工艺品的漂亮程度。

**花边** 是刺绣的一种。花边是一种以棉线、麻线、丝线或各种织物为原料，经过绣制或编织而成的装饰性镂空制品。它是装饰用的带状织物，作为"皂"型手工艺品的嵌条或镶边。

珠片花边，这种花边是新型流行起来的一种花边，而且这种花边制作简单，成本低。"皂"型手工艺品采用这种花边设计，增加装饰品的亮丽感。

**亮片、亮珠、珍珠大头针** 大头针有黑、白、彩色等，珍珠大头针按照一定的规律排列，可以在"皂"型上设计制作出各种造型与装饰物的作品。这些"皂"型手工艺品可以是多个珍珠大头针组合，也可以是珍珠大头针和亮片、亮珠合成排列、重叠、交叉组合等。

**各种半成品** 有流行羽毛饰品、各种半成品款花等。

制作香皂艺术品的主要工具：

剪刀

线

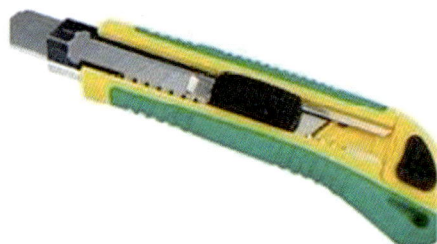
美工刀

尖嘴钳

白得胶

超轻黏土

彩色铅丝

# 香皂手工艺品制作方法与要点

## 一、制作前期构思

"皂"型艺术品的底模，要求厚，且外形多样。不仅在厚度上可以保证，而且形状也很特别，都适合做"皂"型手工艺品的底模。

制作"皂"型手工艺品，可以选择自己喜欢的香皂香气，制作前根据香皂的厚度、大小、形状来确定自己要制作的物体。在制作之前，先确定主题，如是香包、挂件还是鞋子等，然后在头脑里形成图形或者在纸上略画一下，再想象所做的物体形状、色彩，以及珍珠大头针的排序方向、缎带编织法等。头脑中先有思路，可以为后期操作成功打下伏笔。

## 二、模板的设计与制作

构思阶段是确定要制作的对象，本阶段是对香皂进行改造，使其形状与想象对象接近。

确定了制作对象的外形，然后着手寻找形状、厚度合适的香皂。如果没有合适的香皂，可以自己动手，利用小刀或者刻刀等工具对香皂外形进行改造。

香皂造型方法有以下几种。

A. 依形而制。

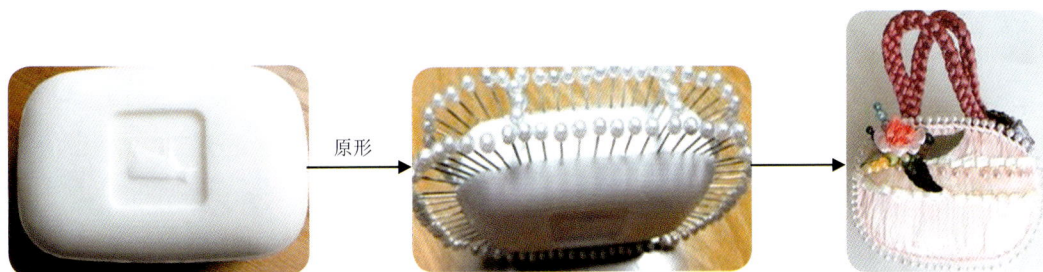

原形

B. 切割变形。

切割变形

成品

C. 切挖变形。

切挖变形

D. 雕刻变形。

E. 添加变形。

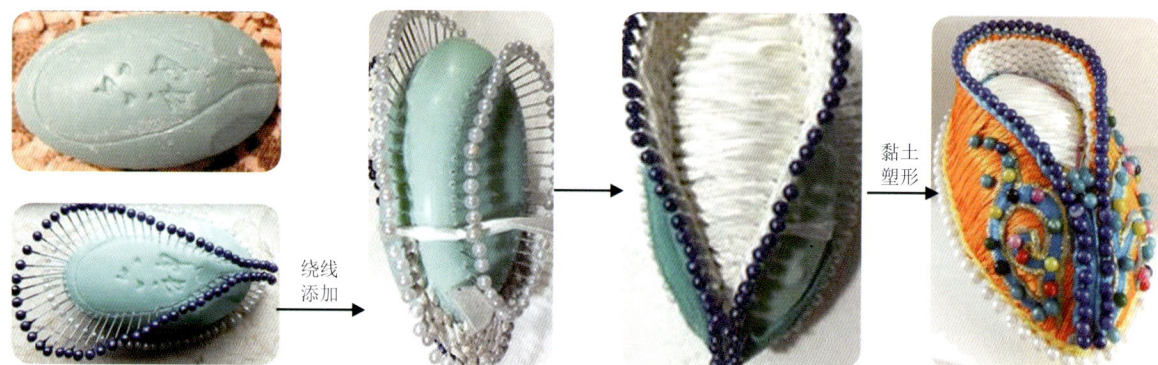

F. 组合变形。

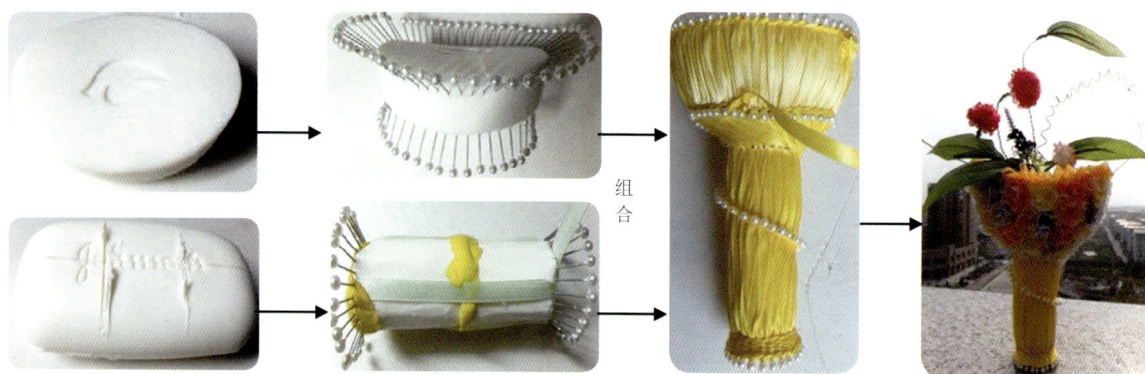

　　从以上各种造型方法中不难发现，相同切割形，最终产生不同成品形，还和大头针的排列有一定的关联。可以运用不同的大头针排列来改变物体的形状。

　　在这个阶段，可以尝试设计各种形状的挂件、香包、花篮等的底模。如果能够钻研，还可以制作出更多的造型独特的物件底模来。

## 三、大头针的排列间距、角度、位置

"皂"型手工艺品大头针的设计与排列，关系着缎带绕线顺利与否，关系着"皂"型手工艺品的外形特点，是确定大效果、大造型的前提。

在确定了制作物件的底模形状后，制作者可以根据外形的特点，设计大头针的位置和走向。大头针的走向可以改变制作物体的形状，如下图所示。

底模相同，大头针排列不同，形状不同

在对大头针进行排列时，要注意大头针的插针角度、间隔距离，以及插入香皂的深度。

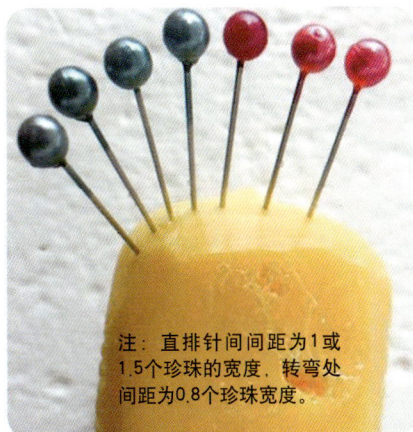

注：直排针间间距为1或1.5个珍珠的宽度，转弯处间距为0.8个珍珠宽度。

注：蓝色珍珠间距的对比

大头针针脚间间隔尽量一致。一般情况下，针脚间间隔 是1～1.5个大头针珍珠的宽度为最佳。正确的插针方法如下图所示。

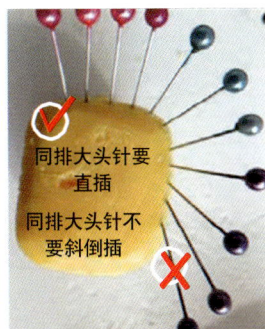

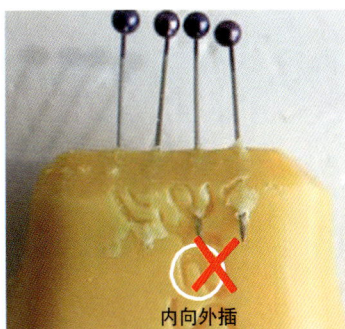

同排大头针要直插

同排大头针不要斜倒插

内向外插

由外向内斜插

沿着香皂边缘直插

整排大头针插针角度一致，间隔均匀，能给人以美感。

大头针的长度为3.5厘米，插入香皂的深度以2～3厘米为佳。

## 四、缎带缠绕方式

"皂"型手工艺品的缎带缠绕，是整件作品的大背景、大基调。这个步骤决定着整件工艺品整体色彩和整体风格。

缎带的缠绕方法大致有五种。其中两种是两排大头针之间的绕线方法；另外三种是同排大头针之间的绕线方法。两排大头针之间的绕线方法，一种是走平行线法；另一种是走"8"字形法。一般情况下，"8"字形法比平行线法更结实细致。同排大头针之间的绕线方法有"又"字形绕线法、"经纬编"绕线法、"8"字形绕线法，如下图所示。

**两排大头针间"8"字形绕线法**

**两排大头针间平行绕线法**

**同排大头针间"又"字形绕线法**

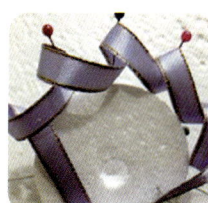

**同排大头针间"经纬编"绕线法**

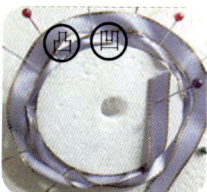

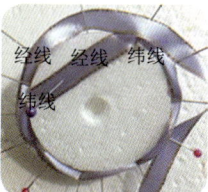

凸 凹

经线 经线 纬线
纬线

**同排大头针间"8"字形绕线法**

用缎带在两排大头针间绕线时，如果上下排的大头针数量不相等，数量少的那排大头针每颗可以重复绕线两次或者三次，数量多的那排大头针绕线可以逐个按次绕，不重复。

## 五、制作绢花

绢花花型种类多样。小花朵型、牡丹型、玫瑰型、雏菊型比较常用。

A.珍珠大头针、缎带直接制花的方法。

**方法一：** 利用珍珠大头针和丝带制作单层花。

**方法二：** 利用珍珠大头针和丝带制作双层花。

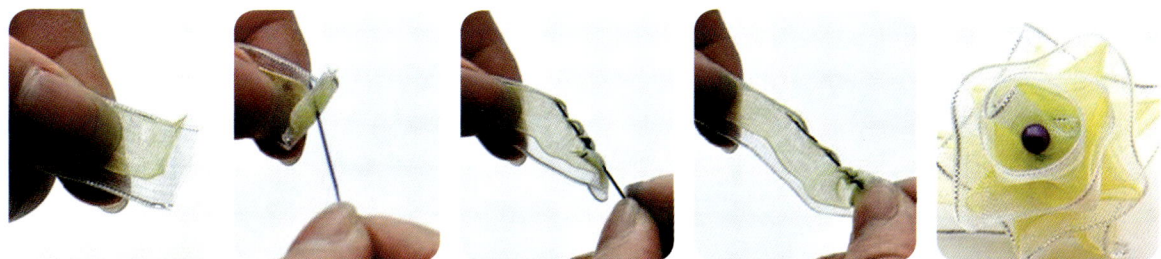

**方法三：** 利用珍珠大头针和丝带制作花。

**区别：** 方法一是从丝带边缘进行"S"形插针。

方法二是从双层丝带边缘进行"S"形插针。

方法三是从丝带中间进行"S"形插针开始，逐个插孔渐移边缘插针。

**相同：** 都是开始每个针孔间距小，然后逐渐增大。

**方法四：** 利用珍珠大头针和丝带制作花。

方法四和方法一相似。但丝带较宽，是对缎带宽度进行对折后在双层折边处进行"S"形插针。

B. 用线缝制的几种制作花方法。

方法一：

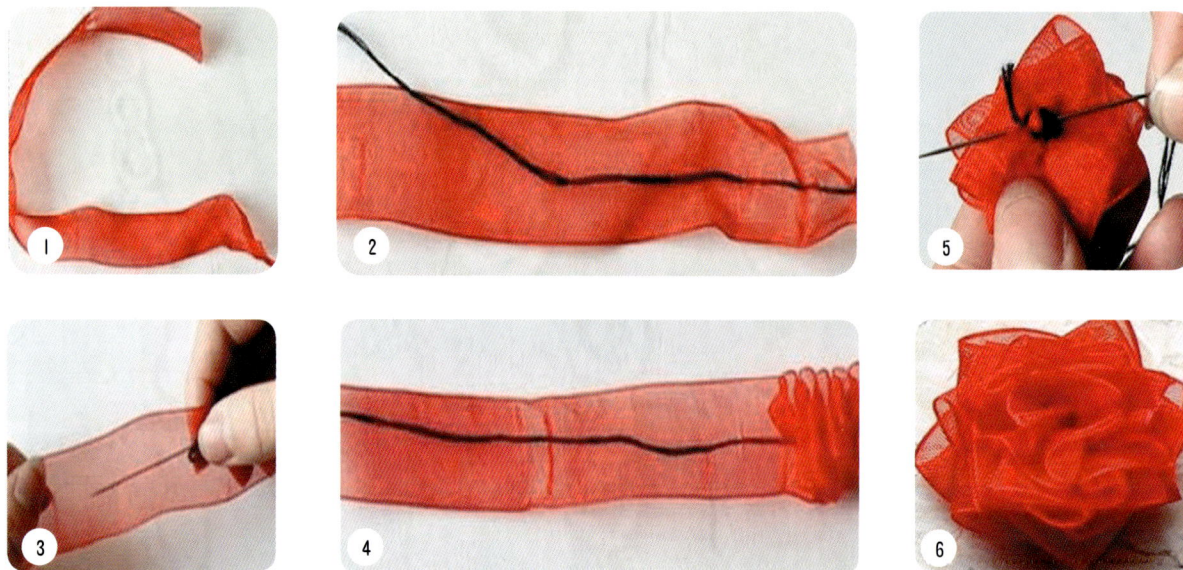

方法二：

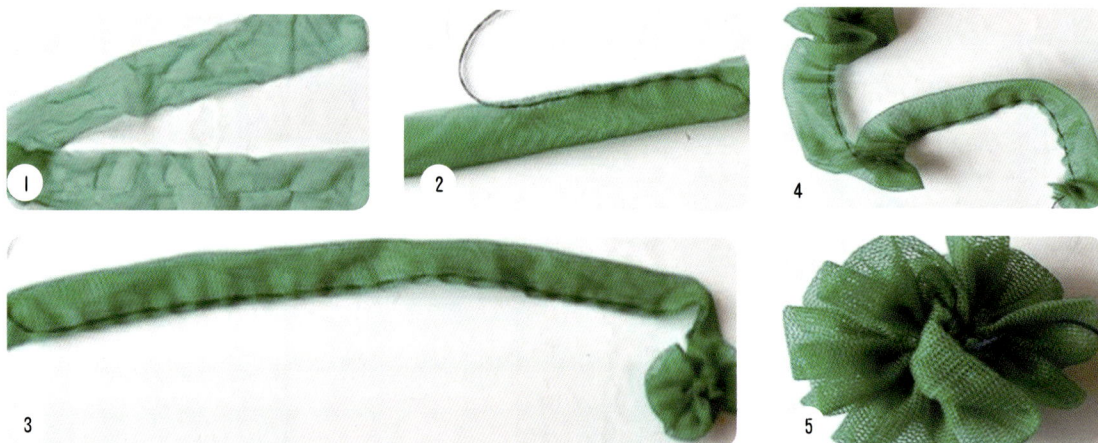

方法三：

装饰花的制作方法还有很多，你能设计制作出更多更漂亮的装饰花。

# 香皂手工艺品风格与图案设计

## 一、民族风格与图案设计

民族风格图案装饰，具有典雅、富丽、精致、平衡等艺术特征。此类图案设计强调传统的造型、沉稳典雅的色调、在和谐中寻求文化意蕴，图案形象排列规整有序，理性而严谨。每个民族都有其特色的审美文化底蕴。

● 伊斯兰风格

● 欧式古典风格    ● 中国民族风    ● 中国民族风格    ● 印度古典风格

## 二、现代简约风格与图案设计

现代主义是20世纪初以后西方各个反传统的艺术流派、思潮的统称。现代主义强调表现心理对生活现实的真实感受，强调艺术的表现和创造，传达时尚前卫、简洁、高科技等相关意象。现代简约风格追求图案的抽象、简洁明快，以及对比的造型和色彩，呈现节奏美。

● 裙子灵感    ● 花鼓灵感    ● 脸谱灵感    ● 粽子灵感    ● 金鱼灵感

● 日朝田园风格

● 日朝田园风格

● 简欧田园风格

● 地中海田园风格

## 三、田园风格与图案设计

　　田园风格色彩清新，体现质朴、随意、温馨甜美、宁静和谐，追求自然的手工感。田园风格有地中海风格、东南亚风格、日韩风格、简欧风格。地中海风格以黄、紫等清新的色调为主，东南亚风格色彩浓郁、热情，日韩风格清新、淡雅、时尚，简欧风格清新中带有典雅端庄的元素。

# 香皂手工艺品装饰形式与图案设计关系

香皂手工艺品装饰形式分为整体装饰和局部装饰。

## 一、整体装饰

整体装饰是指根据构思时确定的设计方向，如确定主题、基调、风格和效果而进行的整体性的设计装饰。整体装饰风格是指对单个"皂"型手工艺品进行独立性装饰，它比局部装饰更具有自由性。

前期构思

前期定型

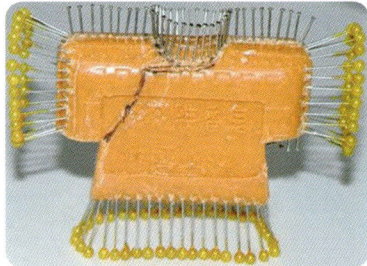
前期上色

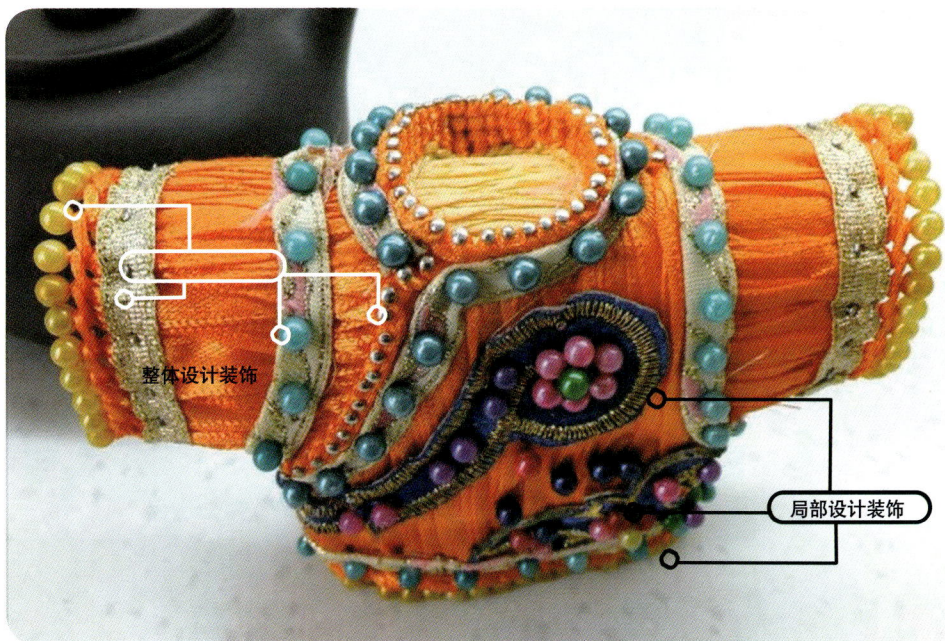

整体设计装饰

局部设计装饰

## 二、局部装饰

局部装饰是通过营造局部效果来深化整体设计风格的装饰。可以运用各种材料，加以图案形象设计，形成具有肌理效果的装饰形象。

局部装饰为香皂整体装饰增光添彩。在"皂"型手工艺品中，局部装饰图案的装饰部位表现在边缘装饰、中心装饰、点缀装饰。中心装饰，一般是在比较集中、醒目的位置。可以使用适合的自由式图案。点缀装饰，一般是在边角位置，起到画龙点睛的作用，和整体装饰相互呼应。边缘装饰，一般在有助于整体效果调配的位置。单调、安定的视觉感受被打破，加入其他元素重新构成的效果。

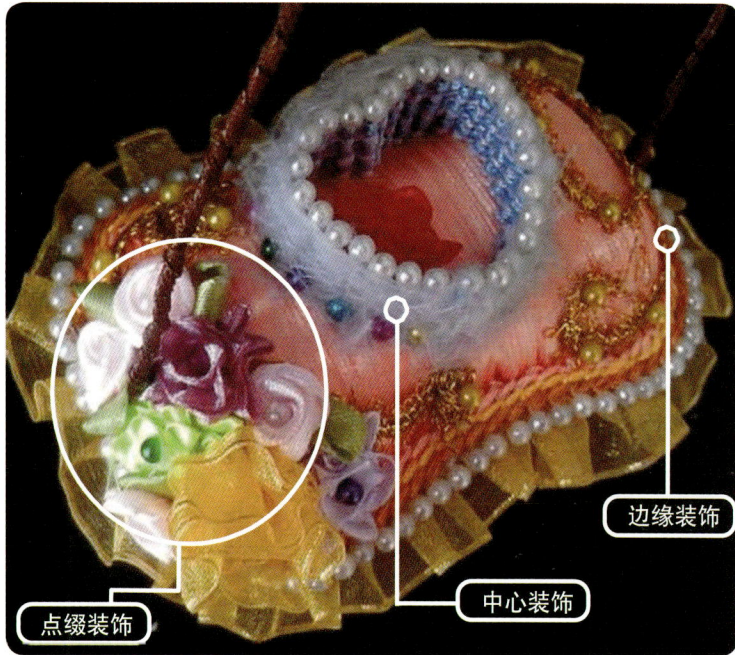

边缘装饰

中心装饰

点缀装饰

边缘装饰

中心装饰

点缀装饰

## 三、局部装饰与图案设计

图案设计的形式美法则指导着"皂"型手工艺品的创造设计。在"皂"型手工艺品的创造中，要注意局部装饰中的对称与均衡法则。对称是指在中心点的四周，或者中心线的两边，相等或相似的内容。有"严谨、庄重"的感觉。均衡是通过各种元素的摆放、组合，使人们感受到物体的平衡，有"稳"的感觉。

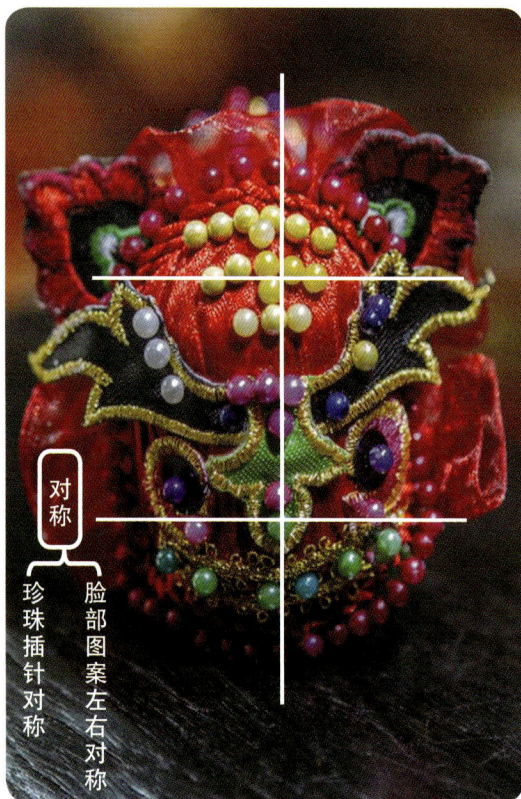

对称

珍珠插针对称

脸部图案左右对称

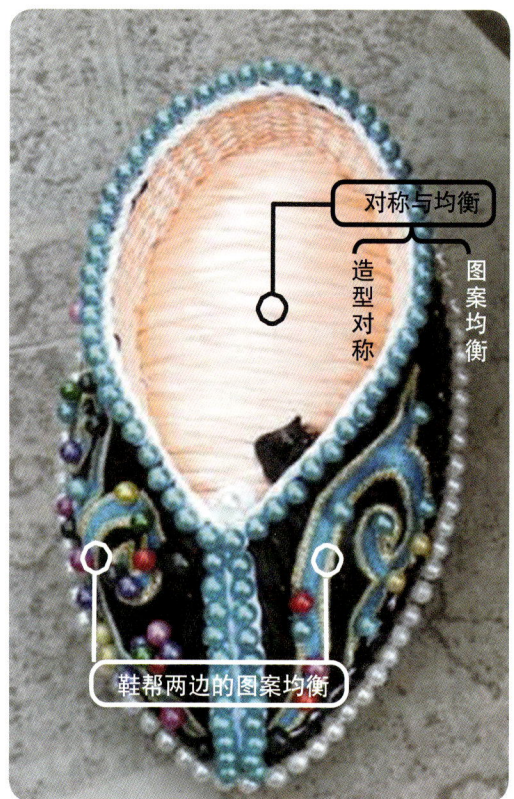

对称与均衡

造型对称

图案均衡

鞋帮两边的图案均衡

金丝线和花瓣统一中有变化

珍珠、亮片装饰壶面，排列成曲线，但统一中有变化

变化与统一是图案设计的另一重要法则。在平面画中，强调各自特点，丰富多样，即为变化。例如，在香皂设计工艺中，装饰物体有大小、明暗、曲直等之分。在变化中有主次之分，使局部服从整体，使人感到整齐、单纯，即统一。统一能使变化有章法，变化与统一在构成中互相依存，互相促进。在手工艺品装饰中，通常会运用到变化与统一。

▲图形左边重、小与右边轻、大形成对比，而色彩重量相等，使之得到调和

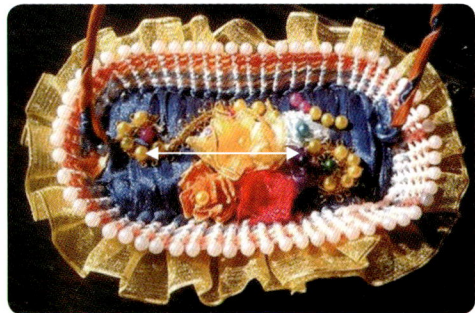

▲对比与调和

015

对比与调和是图案设计的又一形式美法则，它同样可以指导我们装饰香皂设计创作。对比是互为相反因素的东西同时设置在一起所产生的现象，双方的特点更加鲜明突出。对比的手法有形状对比、方向对比、数量对比、色彩对比、质感对比等。调和不是自然发生的，是人为的、有意识的合理配合。

节奏是指视觉造型因素的有秩序、有规律地反复出现或列置，是以统一为主的重复变化，如下图的折带重复、绕线等。韵律是以变化为主的多样统一，表现在"皂"型手工艺品构图中缎带的绕线、大头针的排列等，在重复中产生节奏，在节奏中产生韵律。总之，"皂"型手工艺品装饰形式与图案设计有着密切的关系，图案设计知识指导着"皂"型手工艺品的装饰，让其在不断的图形排列、组合、色彩搭配、材料混搭中获得调整，使局部装饰越来越美观，具有魅力，提升"皂"型手工艺品的整体效果。

# 香皂手工艺品色彩搭配原则

缎带的颜色各种各样，有几十种。色彩搭配的方法有两种：①对比；②协调。"皂"型手工艺品的底色与绢花色彩配色原则是 在协调的基础上有对比。

色彩分为原色、间色和复色。三原色为红、黄、蓝。两原色相互作用产生的色叫间色，如黄+蓝=绿、红+黄=橙、蓝+红=紫。复色是指由三原色或两间色调配而成的颜色，纯度比较低。一般原色明度、纯度高，间色次之，复色最低。原色、间色艳丽而奢华，复色低调和朴素。

▲明度

▲色相环

▲对比色

▲复色特点：明度相对低，纯度低

色彩具有感情性。一般情况，黄、橙、红是属于暖色，紫、蓝、绿属于冷色。色彩冷暖对搭配效果有一定的影响。同时，冷色调给人收缩感，暖色调给人扩张感。

同种色是指同一色相的颜色，只有明度纯度区别，如大红、粉红、淡红。在色相环里相距少于120度的相邻两色，一般称为类似色。在色相环中相距180度的两色为对比色。同种色和类似色容易协调，对比效果也可以。而对比色不容易协调，运用时必须采取一定的调和手段，否则装饰面容易出现色彩杂、乱的现象。

　　同种色、类似色的颜色都有明度变化。"皂"型手工艺品大面积的底色和花、边，可以采用同种色或类似色进行色彩搭配，这样，有明度和纯度的变化，且易协调。

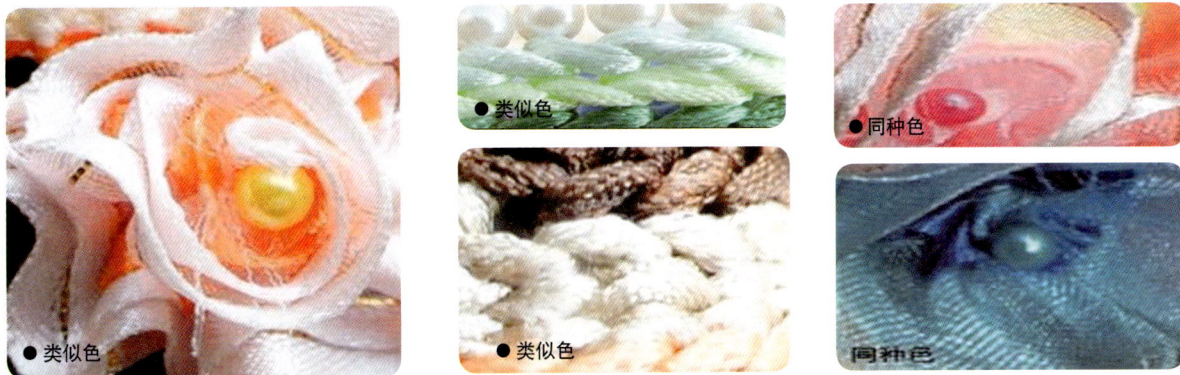

● 类似色

● 类似色

● 类似色

● 同种色

● 同种色

▲同种色、类似色的对比与协调

　　关于对比色，要取得协调效果，可以采用面积、渐变、间隔、色调对比等调和手段。面积对比就是大面积底色与小面积花、边等的对比。渐变是花、边的色彩明度、色相的渐渐变化。间隔是指运用黑、白、金、银、灰等颜色将两种对比强烈的色彩隔开。色调有冷色调、暖色调，灰色调、亮色调、暗色调，蓝色调、绿色调等不同分类。如果底部黄色调偏亮，那么小装饰物可以采用紫色来对比协调。运用对比色能使"皂"型手工艺品色彩搭配效果突出，如下图所示。

◀ 大面积黄色与小面积紫色

◀ 低纯度橄榄绿与高纯度红色

▲对比色调和手段——面积

▲对比色调和手段——纯度

● 花　对比色渐变

● 花　类似色渐变

● 白色、黑色间隔

● 白色、黑色间隔

▲对比色调和手段——渐变

▲对比色调和手段——渐变

　　色彩基础知识对"皂"型手工艺品的色彩搭配起着指导作用。对于每一件"皂"型手工艺品，我们要注意它的对比与协调。只有这样，作品才能明快、醒目、美丽。

# Part 2
# 简约风格篇

## 灵感解读

缠绕　缠绕

简简单单

便温馨甜美

粉红色泛动着暖意

淡蓝色飘漾着宁静

浅黄色流淌着安谧

自然清新淡雅

更无法忽略

那一缕幽香

悸动在心灵的一隅

让人沉醉

# 女 帽

**材料说明：**

1. 香皂一块，白色、彩色珍珠大头针各一盒。

2. 中黄色缎带一卷，咖啡色、淡蓝色缎带各10厘米，
   柠檬黄、橘红色涤丝带各10厘米。

3. 23号绿色铅丝一根，湖蓝色羽毛一根。

4. 超轻黏土若干。

① 修整香皂正面和反面，使之平整，取肉色超轻黏土若干，揉成半圆形，放在香皂的正面。

② 在香皂和黏土交界处画圆圈，斜插上中黄色的珍珠大头针，在香皂侧面和底部的交界处画圆痕，斜插上白色珍珠大头针。在中黄色珍珠大头针处，用中黄色缎带成"8"字形对向交叉绕线。在白色珍珠大头针处成"又"字形单向绕线5圈。

③ 在"又"字形绕线处粘贴肉色超轻黏土，以修整帽檐形状。在帽檐处，用中黄色缎带作"8"字形绕线。用6颗中黄色、1颗白色珍珠大头针在帽子中心处装饰国定。

④ 用普通大头针把橘红色涤丝带装饰固定在中黄珍珠大头针圆圈处，并在合适的位置把两个线头打成蝴蝶结。制作咖啡色、柠檬黄、淡蓝色小花装饰在蝴蝶结处，把羽毛装饰固定在咖啡色花后面，把绿色铅丝卷成造型固定在羽毛边装饰。

# 镜 框

**材料说明：**

1.圆形香皂一块，彩色珍珠大头针一盒。

2.杏色、咖啡色缎带各一卷，橄榄绿、黑色镶金缎带各 100 厘米，淡黄色、香槟色涤丝带各 20 厘米。

① 在一块圆形香皂正面画大圆形，侧面也画一圆痕，按照一定的间距排列插大头针，正面内斜插，侧面垂直插。然后用杏色缎带在正面大头针间成 "8" 字形对向绕线。

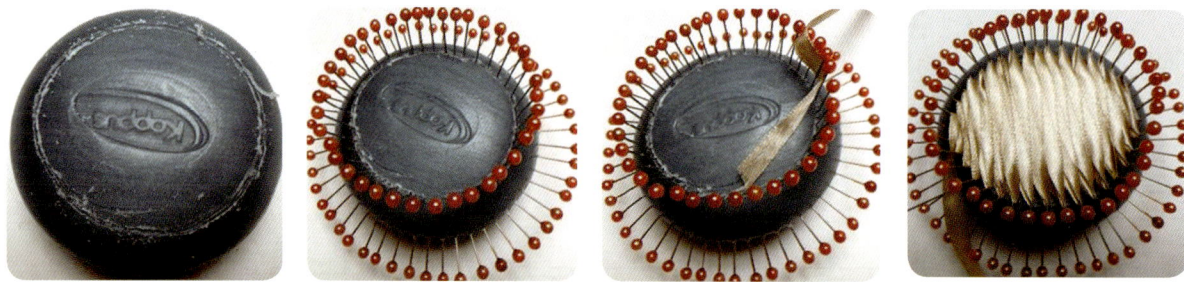

② 用杏色缎带在正面大头针间成 "又" 字形绕线一圈，在香皂反面大头针间成 "8" 字形对向绕线。

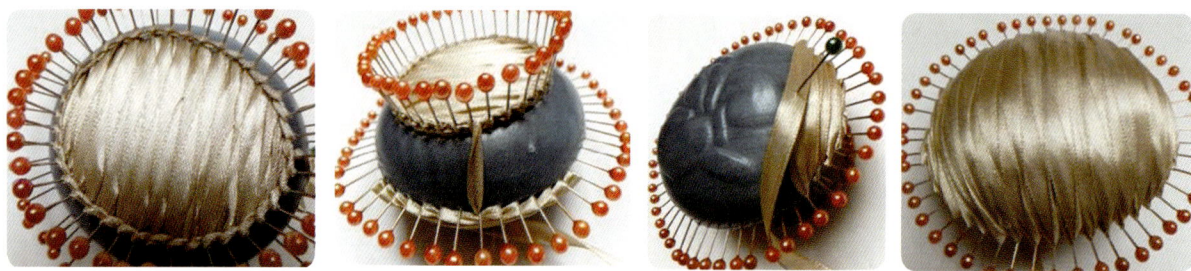

③ 用杏色缎带在反面大头针间作"又"字形绕线一圈。正面处，用咖啡色缎带在大头针间成反、正"又"字形各绕线一圈，以致整排针根部成内凹形。然后用咖啡色缎带在侧面进行平行绕线。

④ 用黑色镶金缎带在正面珍珠大头针间成 反"又"字形绕线一圈，用黑色镶金缎带在侧面珍珠大头针间成 正"又"字形绕线。

⑤ 在反面，用橘红色和橄榄绿珍珠大头针，走"S"形间距插针。用杏色缎带在四颗同排珍珠大头针间，成"经纬编"法绕线成镜框。

⑥ 用淡黄色涤丝带配杏色缎带、香槟色涤丝带配橄榄绿缎带、香槟色缎带制作三朵花插在镜框一侧。用剩余的线头，以及咖啡色、黑色镶金丝缎带制作成小花插进三朵花间。配上适合的照片，放在圆圈根部凹处。

① 把椭圆形香皂对半切，用小刀略微修形，画两个圆圈作为金鱼的眼睛，插白色珍珠大头针和普通

# 金 鱼

**材料说明:**

1. 椭圆形香皂一块,白色和彩色珍珠大头针各一盒。

2. 玫瑰红涤丝带、紫镶金缎带各一卷,中黄色、湖蓝色缎带各100厘米,桃红色涤丝带30厘米,黑色镶金缎带、中黄色缎带、淡蓝色涤丝带各10厘米。

024

大头针。

② 在"眼睛"内部,用玫瑰色涤丝带成"8"字形绕线,在金鱼两眼处、普通大头针与下面椭圆形白色珍珠大头针间,用玫瑰色涤丝带先直向、后斜向成"8"字形绕线,如下图所示。

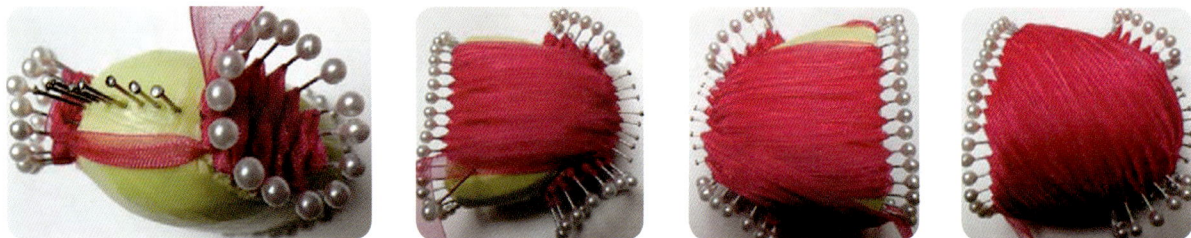

③ 在大椭圆形处,用紫镶金缎带成"8"字形绕线,在珍珠大头针上,用桃红涤丝带成"又"字形

单向绕线1～2圈，将各线头制作成小花装饰在合适位置。取黑色镶金缎带，成"S"形单向打圈，成圆线，用普通大头针固定在"眼睛"内。

④ 在两眼间普通大头针上下处，用湖蓝色珍珠大头针插成嘴形。后拔掉普通大头针，在下嘴巴处，用湖蓝色缎带成"经纬编"绕线，绕成中间高、两边低的造型。在两眼外围，绕中黄色缎带，制作三角辫，固定在"眼睛"下部，在"眼睛"下部，插上若干白色珍珠。

⑤ 制作小花和"麦穗"，通过小花里的大头针把"麦穗"固定在椭圆形边角处，成形。

# 练习本

**材料说明：**

1. 长方形肥皂一块，白色和彩色珍珠大头针各一盒，普通大头针一盒。

2. 鹅黄色、白色缎带各一卷，玫红色或墨绿色缎带一卷，淡绿色缎带50厘米，中绿色和黑色缎带各10厘米；电脑绣花片一副。

3. 绿色超轻黏土若干。

① 在长方形肥皂不平整处，用超轻黏土填平。在"皂"型转折线处插上绿色珍珠大头针，如下图所示。

② 在香皂3个侧面绕上白色缎带，成上下"8"字形绕线。在"练习本封面"合适位置，用普通大头针直插出一个正圆形。

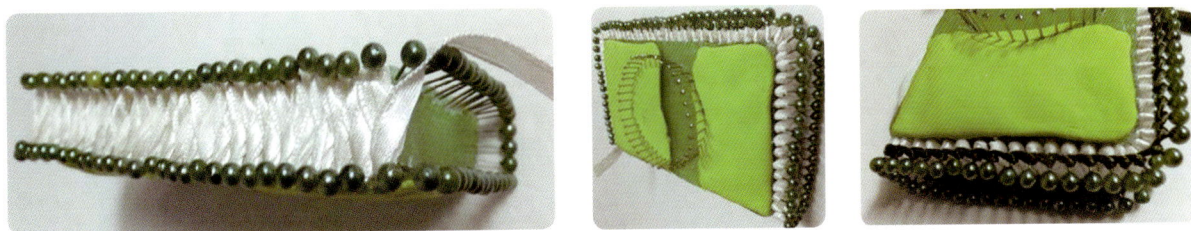

③ 用墨绿色缎带在绿色大头针间绕上正"又"字形边线。在普通大头针插成的正圆形处，用鹅黄色缎带作对向"8"字形绕线。用墨绿色缎带正、反面同时绕线，绕线成"8"字形。

④ 墨绿色缎带绕线步骤如下图，用淡绿色缎带在普通大头针处成正"又"字形绕线，将线头制作成小花，用中绿色和黑色缎带制作小花各一朵，将小花们沿正圆边缘插在一起，如下图。选择合适的电脑绣花片，修剪后放置在圆圈内，形成图案。在圆圈的上方插绿色和红色珍珠大头针，表示是几个文字，简约写。

# 少女提包

**材料说明：**

1. 方中带圆白香皂一块，白色珍珠大头针一盒。

2. 1厘米宽粉色缎带、玫瑰红缎带、玫瑰红圆缎线各一卷，3厘米宽淡黄色涤丝花边50厘米。

3. 粉红超轻黏土20克，长度为60厘米玫瑰色的22号软铅丝两根。

🌸 **1** 取方中带圆的香皂一块，用白色大头针在香皂两面交界处垂直插针，注意排列要整齐。"手提带"处各加插3颗珍珠大头针，使有"手提带"一面长成方形。

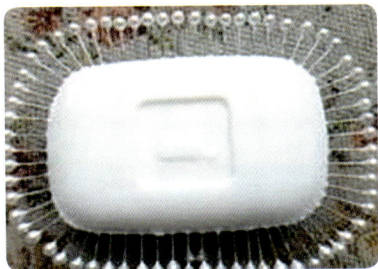

🌸 **2** 用粉红色缎带在侧面成"8"字形绕线，要求匀称美观。"手提带"中间部位不用绕线。

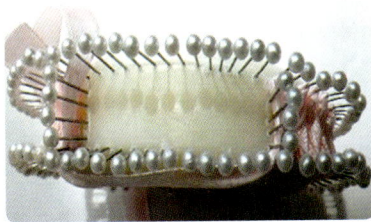

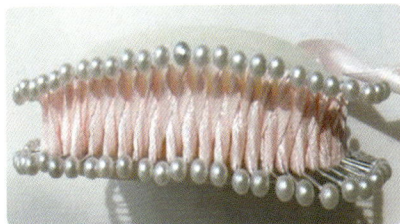

🌸 **3** 用玫瑰红缎带在"手提带"位置进行"8"字形绕线，要求匀称美观。在整个包的四周珍珠大头针处，按照排列顺序，用"又"字形绕线一圈。

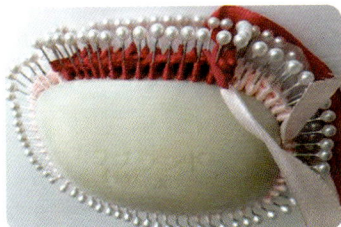

029

🌸 **4** 用粉红色缎带在两正面按序进行"8"字形绕线，后按序在各珍珠大头针排线成椭圆处，用"又"字形绕线一圈。

🌸 **5** 用玫瑰红圆缎线，按右图所示打两条编辫子。辫子的长度约10厘米。

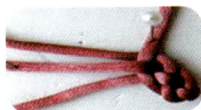

**6** 用玫红色的珍珠大头针把两条辫子逐一固定，作为手提包的提手。

**7** 用粉红色大头针将淡黄色涤丝花边左右逐层折皱固定，大头针排列要求匀称整齐。

030

**8** 在包提手处，用成形的红双色花（或者自制）固定，把叶子亮片固定在花的下面，用各色珍珠大头针把同色连串珠子固定在花的旁边，注意错落有致，长短不一，色彩有深有浅。装饰部分摆放讲究均衡感。

**9** 制作两朵小花，分别固定在辫子边缘处，目的是遮盖线头，装饰美化。

# 少女连衣裙

**材料说明：**

1. 骨头形香皂一块。

2. 粉红色、桃红色、橘黄色缎带各一卷。成品桃红色花两朵，叶子亮片、各色珠子若干。

3. 白色、彩色珍珠大头针各一盒，普通大头针一盒。

4. 超轻黏土若干。

**1** 取骨头形香皂一块，对香皂画形，在"领口"、"袖子"、"下摆"处稍内侧斜插白珍珠大头针，在"腰节"部位垂直插上普通大头针。

**2** 用粉红色缎带在"裙子"下摆口成"8"字形绕线，后进行单向"又"字形绕线6～8圈，在香皂一面，用粉红色超轻黏土塑造出"胸部"和"腹部"。

**3** 用粉红色缎带在"领口"、"袖口"、"领口"与"袖口"交界处、"胸部"依次进行对向"8"字形绕线，要求匀称美观。在"下摆"处运用同样方法斜向绕线。

**4** 在裙子"下摆"处，斜向按序成"8"字形绕线。用粉红色缎带，在"腹部"正反面处横向按序成"8"字形绕线。

**5** 用粉红色缎线在"袖子"①处单向朝里成"又"字形绕线。然后在肩膀上部②处三颗珍珠大头针置绕"经纬编"，后逐步拓展到5、7、9颗 大头针。左右"袖子"同法。

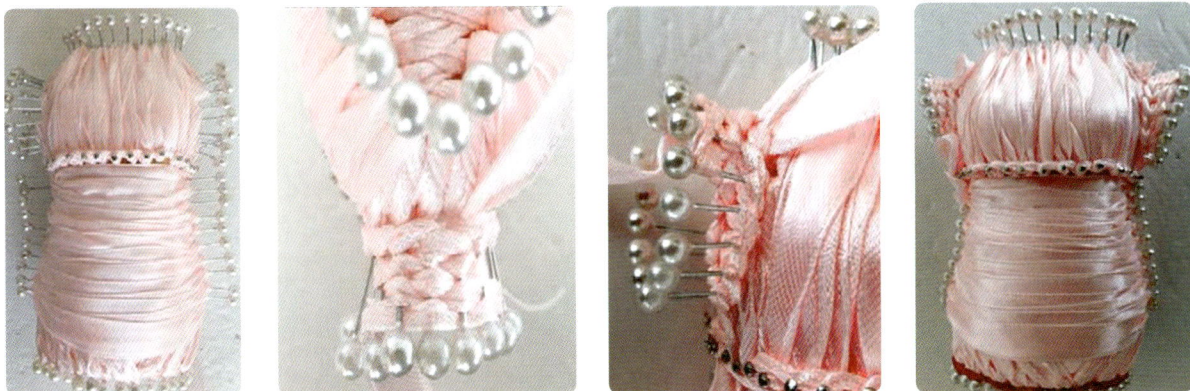

**6** 用粉红色、桃红缎带先后对"领口"进行单向朝里"又"字形排线，将线头做成小花固定在胸前"领口"处。同样处理两袖处的粉红色线头。

033

**7** 在反面，把多余的粉红线头做成花并固定，压齐白色珍珠大头针。 借助于亮片和珠子等 ，对裙子正面腰部进行装饰。注意色彩的搭配，装饰珠子要讲究均衡、立体感等。

# 花 篮

**材料说明：**

1. 方形香皂一块。

2. 白色珍珠大头针和彩色珍珠大头针各一盒。

3. 荧光绿、橄榄绿、草绿色、香槟色、粉红色、柠檬黄、黑色缎带各一卷，湖蓝色、淡灰色涤丝缎带、镶金线黑色缎带、葱绿色丝带各20厘米，22号紫红色铅丝一段。

① 用圆珠笔在方形香皂上下两面画形，用白色大头针在香皂正面凹纹处成外斜内插针。注意大头针插针间隔距离一致。

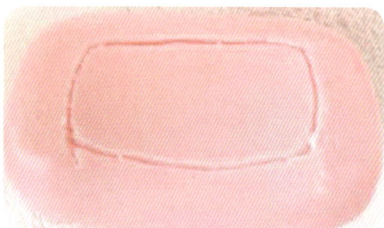

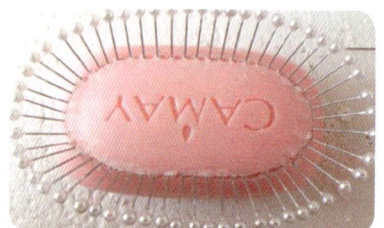

② 用绿色缎带在上下排大头针间成 "8" 字形绕线。

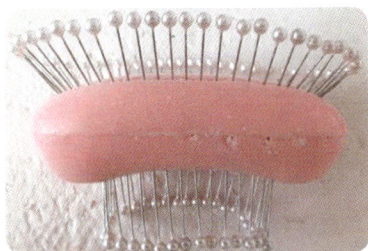

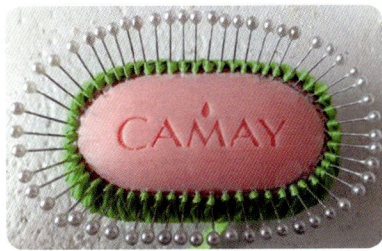

③ 在绕好线中间部位插上绿色、橘红色珍珠大头针，相互间隔距离稍宽。在底部用荧光绿缎带成 "8" 字形绕线，用草绿色、柠檬黄缎带向里成 "又" 字形绕线6～8圈。将线头制作成小花固定在合适的位置。

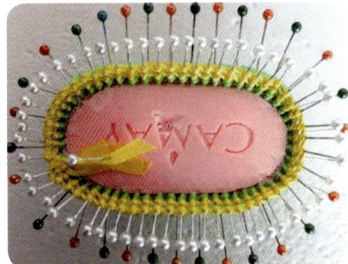

④ 用橄榄绿缎带在绿色大头针与上排的白色大头针间，按照一定的顺序进行有规律的折带式绕线。接着用黑色缎带在绿色和橘红色大头针间成 "又" 字形绕线3圈。用草绿色的缎带进行折带式绕线，方法同上，两种颜色缎带折线要错开。再用黑色缎带在绿色和橘红色珍珠大头针间进行 "又" 字形绕线2圈。用香槟色缎带成折式绕线，3种颜色缎带折线要错开。最后用黑色、橘红色缎带在绿色和橘红色珍珠大头针间成 "又" 字形绕线2圈。

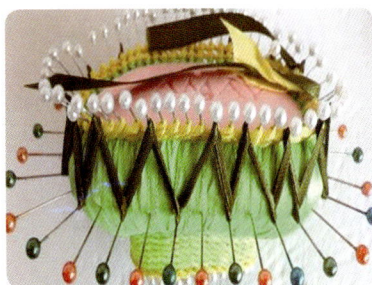

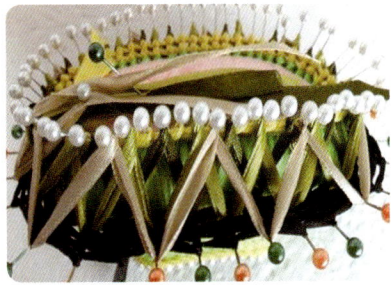

⑤ 用粉红色缎带成 折带式绕线 ，4种颜色缎带折线全部错开。之后用粉红色缎带在绿色、橘红色珍珠大头针间成 "又" 字形绕线1圈。

035

⑥ 在花篮的上方，用橄榄绿缎带按照一定的顺序前后平行线绕线。 用22号紫红色铅丝编成三角辫，两头固定在花篮的左右。

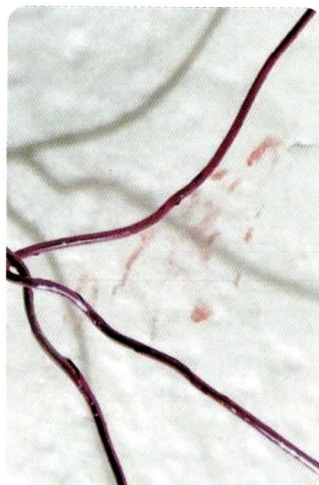

⑦ 在花篮上方，用蓝色珍珠大头针固定镶金线黑色缎带装饰，用葱绿色丝带和香槟色缎带在提手处做成蝴蝶结状装饰。

　　取淡黄色、柠檬黄、绿色缎带各一段成折带式排列，用同色大头针固定，成扇贝型。 用3厘米宽的湖蓝涤丝缎带制成小花并固定装饰。

# 花 圃

**材料说明:**

1. 香皂一块, 白色、彩色珍珠大头针一盒。

2. 橄榄绿色、翠绿色、中绿色、淡绿色、中黄色、黑色镶金缎带各一卷, 宽度为1厘米的柠檬黄、中绿涤丝带各一卷, 宽度为1.5厘米的白色涤丝带一卷, 宽1厘米的紫罗兰、淡紫、桃红、柠檬黄、玫瑰红涤丝带各30厘米, 宽度为2厘米的群青、粉红涤线带20厘米, 宽度为2.5厘米的大红涤丝带10厘米。宽度为1厘米的深绿色缎带50厘米。

3. 超轻黏土若干, 彩色、玫瑰红23号铅丝各一根。

❀1　根据正面香皂上的原有树叶形状斜内插白色珍珠大头针，柠檬黄珍珠大头针插针位置为叶茎，四侧直插插出如图造型，在底部也插出小叶形。在侧面的大头针上，用中黄色缎带成"又"字形绕线，周围绕线圈数不一。

❀2　在香皂反面叶形处，用中黄色缎带成"又"字形绕线3圈。在香皂侧面绕线处，用超轻黏土上下塑形，如图所示。在香皂正面叶子右半处，用翠绿色缎带成"8"字形绕线，没绕线半边叶的外侧处，用翠绿色缎带成"8"字形绕线。

❀3　在香皂反面，用绿色缎带成"8"字形绕线。在香皂正面树叶左半处，用柠檬黄涤丝带成"8"字形绕线，在树叶左侧边缘处，成"又"字形绕线1圈。在翠绿色"叶子"下侧部，用淡绿色缎带成"8"字形绕线，后围绕树叶外形在白色珍珠大头针处成"又"字形绕线1圈。用翠绿色缎带在叶茎处，成"又"字形绕线2圈。用中绿色涤丝带在叶子右侧成"8"字形跳针绕线，后围绕着右侧树叶外形在白色大头针处成"又"字形绕线一圈。

❀4　用深绿色缎带在中间叶茎处成"又"字形绕线2圈。在叶子右侧，用柠檬黄涤丝带跳针成"8"字形绕线，和前面跳针位置错开，如图所示。在叶子右侧边缘，用深绿色缎带成"又"字形绕线1圈；在叶茎处，用黑色镶金缎带成"又"字形绕线1圈。把所有的缎带等线头制作成小花，就近装饰在合适位置。

**5** 在叶子右侧的白色珍珠大头针处，用白色营丝花边固定装饰。利用各种缎带和涤丝带，制作双层色大花及各色小花，固定叶子旁合适的位置上，如图所示。

**6** 在香皂的反面底部位置，用橄榄绿的缎带成"8"字形绕线一圈。用黑色镶金缎带在白色珍珠大头针处成"又"字形绕线4～6圈。把线头制作成小花，就近装饰在合适位置。

**7** 对彩色、玫瑰红的23号铅丝进行造型，固定在大红双层花的旁边。

# Part 3

# 田园风格篇

## 灵感解读

梦里花落知多少
不用开窗
也可欣赏
团团簇簇　满园风光
听着花的密语
闻着皂的清香
静静地入眠
享受
这一刻的美丽

花心

**材料说明：**

1. 椭圆形香皂半块或2/3块。

2. 3厘米宽、20厘米长的浅色涤丝带和2厘米宽、20厘米长略深色涤丝带40～50根（根据心形大小而定），1厘米宽、15厘米长的绿色缎带一根。

3. 白色或单色的珍珠大头针50根左右。

1 取椭圆形香皂2/3块，先切割心形凹进部分，使之和心形尖突位置在一条直线上，心形沿中心线两边对称。确定心形凹进两旁凸出切面，后定斜向心形两侧的小切面，并进行转角细刻打磨，使之光滑细致，形状美观。

2 把窄宽不一的涤丝带进行单边重叠，用大头针在上面重叠部外侧成"又"字形针孔穿插，穿插孔间间隙由小逐渐到大。穿插12次左右，就形成一朵花瓣重叠3次的花。以此方法可制作各色重叠花（制作步骤见009页方法二）。

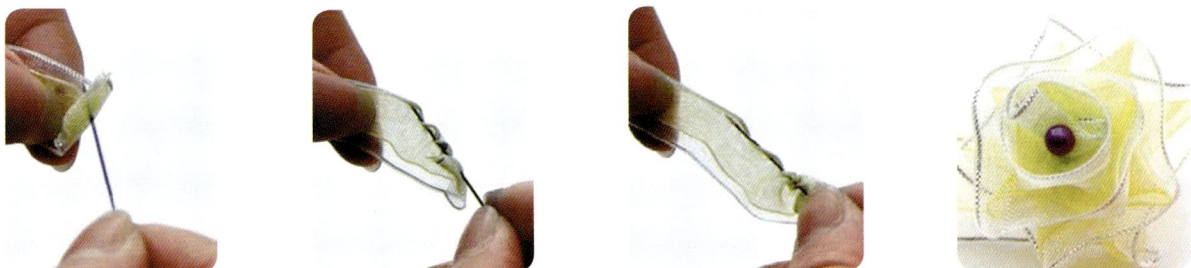

3 制作同色重叠花45朵左右，然后插花，先从心形中心线部开始插，之后靠近中心线部竖向插。

4 最后竖向侧面插。

5 采用同样的方法插心形另一边。当所有花位置定好后，制作者可根据花排列的实际情况，适当调整花的位置，使之看上去有序而美观。

6 把缎带折成蝴蝶结，用大头针固定在心形适合位置，完成制作。

# 心 盒

**材料说明：**

1. 正方形精油香皂或普通香皂一块。

2. 白色、彩色珍珠大头针各一盒，普通大头针一盒。

3. 2厘米宽淡黄色涤丝带30厘米，2厘米宽白色镶银、粉色涤丝带一卷，1厘米宽粉红色、深红色缎带各一卷，金线白丝绳一根。

044

**1** 在香皂的4个侧面垂直插入白色珍珠大头针。在香皂正面画出心形，并外斜插上玫瑰红珍珠大头针。反面根据原有的图边缘线直插上普通大头针。

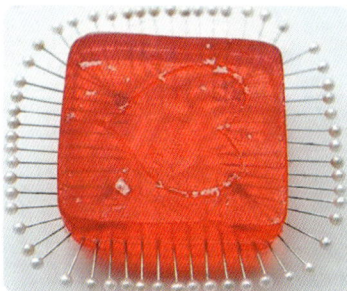

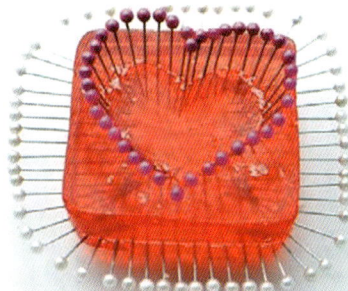

**2** 在心形珍珠大头针与侧面珍珠大头针处，用粉红色缎带成"8"字形绕线，整个正面全部绕完后，线头转到反面固定，注意隐藏好线头。运用同样方法，用绿色缎带对反面绕线。

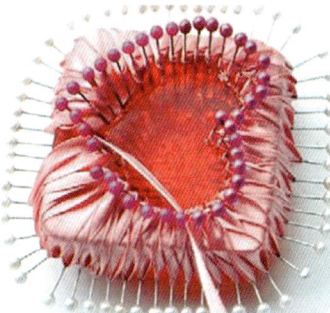

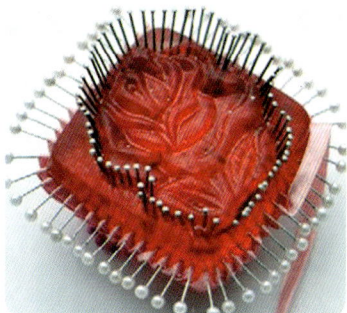

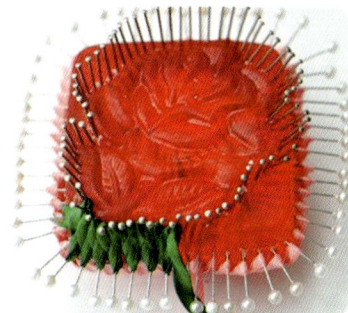

🌸 **3** 绕线完毕后，把绿色缎带绕到普通大头针处，在普通大头针间成"又"字形绕线。连续绕线4～5层。

🌸 **4** 用粉红色缎带在心形处大头针间成"又"字形绕线1圈，用同样的方法用深红色缎带绕线4圈。线头起点和终点统一在心形尖处。用白色涤丝带皱折并用普通大头针固定，针间距要统一。

🌸 **5** 用大头针在2厘米宽、20厘米长的粉色涤丝带一侧成"S"字形穿插，穿插孔间隙由小到大。穿插12次左右，就形成一朵花瓣重叠3次的花。总共制作成20朵花。运用同样方法制作一朵淡黄色花。

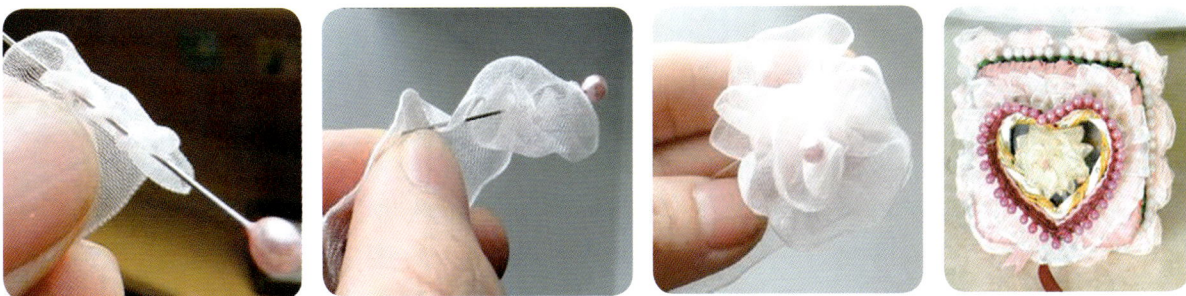

🌸 **6** 把金白色相互镶嵌缠绕型的绳放到心形内侧，用普通大头针固定成心形，再把黄色小花放置其中，非常美丽的心盒制作完成了。可用同样方法制作很多类似的心盒。

# 香 包

**材料说明：**

1. 椭圆形香皂一块，白色、彩色珍珠大头针各一盒，普通大头针一盒。

2. 1厘米宽的粉红色、玫瑰红、白色、橘黄色缎带各一卷。3厘米宽带金线的香槟色涤丝带20厘米，1厘米宽的白色花边20厘米，叶子亮片、各色珠子若干。

3. 超轻黏土若干。

046

**1** 取椭圆形香皂一块，在香皂上画出心形，用小刀刻出心形，再用刀修整出心形的立体形状。用超轻黏土对香皂本身凹部进行修整，使心形表面平整。

**2** 用笔在心形内部再画一心形，插上普通大头针，排列整齐。底部也用同样的方法，在底部和正面的大头针间用粉红色缎带成"8"字形绕线，要求匀称美观。

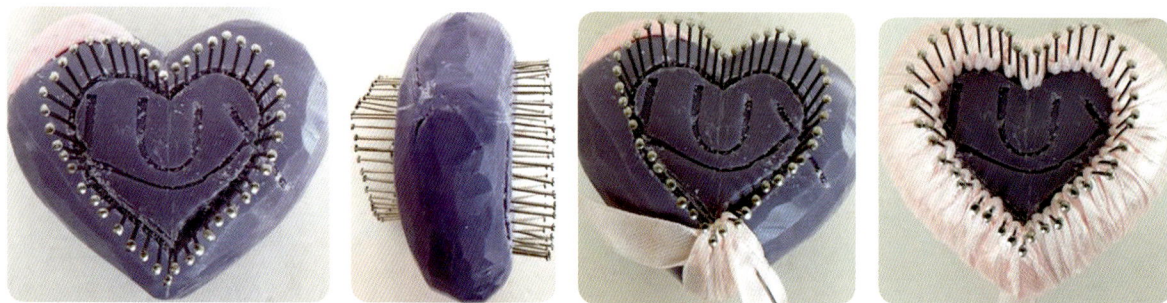

❀ 3　在底部用粉红色缎带向里成"又"字形单向绕线，后在心形内用玫瑰红缎带进行"8"字形上下绕线。

❀ 4　在正面，用白色缎带向里成"又"字形单向绕线一圈，运用同样方法用玫瑰红缎带绕一圈。后用粉红色缎带成"8"字形等距绕线一圈，使先绕的线和后绕的线交叉，具有立体感和层次感。

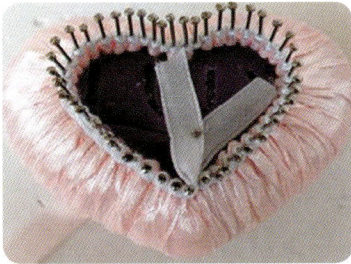  

❀ 5　用香槟色涤丝缎带在心形侧面制作花边用以装饰，用粉红色珍珠大头针逐个固定。准备一些亮片和珠片及白色花边备用。

❀ 6　用白色花边围绕内心形装饰，将香槟色亮片用白色珍珠大头针装饰固定。用橘黄色缎带制作小花，用同色珍珠大头针固定在心形中间。用蓝色透明珍珠结合蓝色珍珠大头针斜向固定，完成制作。

# 挂件

## 材料说明：

1. 骨头形香皂一块，白色、彩色珍珠大头针各一盒，普通大头针一盒。

2. 1厘米宽的鹅黄色、蓝色、深咖啡色、浅咖啡色、深绿色、浅绿色缎带各一卷，金色古典花边20厘米，深咖啡色、浅咖啡色、浅湖蓝色的棉线若干。

**1** 取骨头形香皂切半，修整好半块香皂边缘，用笔画线，确定白色珍珠大头针的插线位置。用珍珠大头针外斜内插固定。边缘处，注意珍珠大头针插针转折自然，间隙合适。用蓝色缎带成"8"字形绕线。

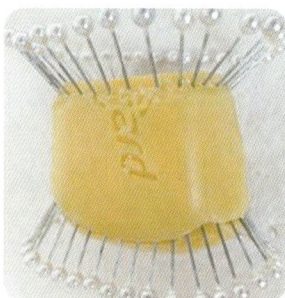

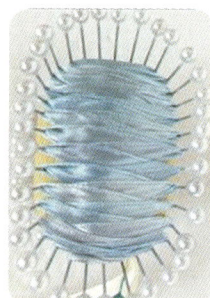

**2** 用鹅黄色缎带在上下排插针间成"8"字形绕线，在挂件底部，运用同样方法绕线修整。用浅绿色、鹅黄色和咖啡色缎带在底部成"又"字形绕线各一圈。用深绿色和浅绿色缎带在上边缘成"又"字形绕线各一圈。

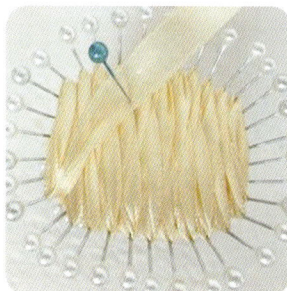

**3** 把上下两面的缎带线头制成小花，装饰在合适位置。用金色花边装饰中间腰部。

**4** 用金色的古典花边编形，形成一定的图案来装饰腰部，用同色的大头针固定，制作几朵小花装饰在其中，用浅绿色的缎带折带式装饰固定。用浅咖啡色、深咖啡色的线，按一定的顺序、规律成大斜对角"8"字形绕线。

**5** 运用同样的方法，对挂件上面部分用浅湖蓝色棉线绕线。绕线两层，角度大小有一定区别，才能产生和咖啡色绕线不同的效果。后用浅绿色缎带在上面珍珠大头针处单面固定后，借助手形使缎带成"S"形单向打圈，打圈到一定程度后，使头尾进行相交，就制作出如图所示的绳子，对另一头进行固定，这样挂件就制作完成了。

# 蓝色花篮

**材料说明:**

1. 椭圆形香皂一块,白色、彩色珍珠大头针一盒。

2. 深蓝色缎带一卷,黑色镶金缎带50厘米,灰色涤丝带30厘米,粉红色、深红色、橘黄色、鹅黄色嵌金、白色涤丝带各15厘米,玫瑰红、淡绿色、浅蓝色、淡紫嵌金线缎带各10厘米。

3. 超轻黏土若干。

**1** 取一块椭圆形香皂斜对半切,用同色的超轻黏土塑形,定出花篮底部圆形画痕,斜内插上白色珍珠大头针。

**2** 在香皂斜面斜插白色珍珠大头针，用深蓝色缎带在上下椭圆圈内成"8"字形绕线，之后在上下排大头针间成"8"字形绕线。

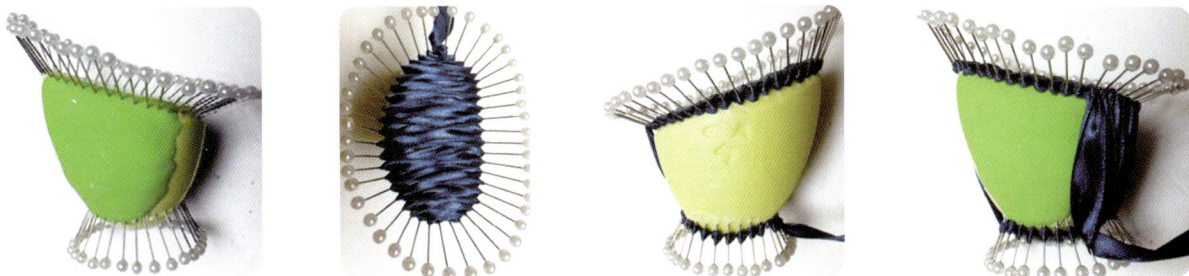

**3** 在上面珍珠大头针处，用同色缎带成"又"字形绕线一圈，然后成"经纬编"绕线。斜下部编三四圈，斜上部编八九圈。后用黑色镶金缎带成"又"字形绕线一圈。把剩余缎带线头制作成小花。

051

**4** 在花篮底部用黑色镶金缎带成"又"字形绕线一圈，用深蓝色缎带同法绕线四圈。线头制作成小花，装饰在适合的位置。用蓝色铅丝制作成三角辫作花篮提手，并固定在合适的位置。

**5** 用灰色宽边涤丝带成皱折形固定在花篮口适合位置。在底部用彩色珍珠大头针成排装饰。最后，在篮里装饰固定各种各样的花，完成制作。

# 粉红花篮

**材料说明：**

1. 骨头形香皂一块，白色珍珠大头针一盒。

2. 1厘米宽粉红色缎带、桃红色缎带各一卷，粉红色涤丝带一卷，3厘米宽桃红色折皱花边50厘米。

3. 粉红色超轻黏土20克，60厘米长紫色22号软铅丝两根。

1　取骨头形香皂一块，在上下面、侧面做出划痕，在划痕处插上白色珍珠大头针，花篮顶部是斜里插针，底面和侧面是垂直插针。

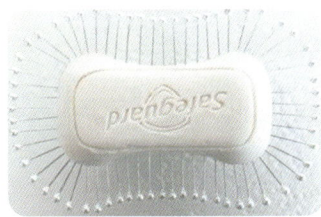

2　在侧面大头针处用粉红色涤丝带成"又"字形单向排线三四圈，然后在线上和顶部大头针处粘上粉红色超轻黏土塑形。底部大头针和侧面大头针间也是如此。

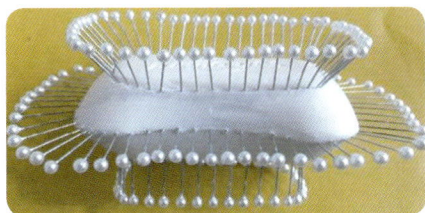

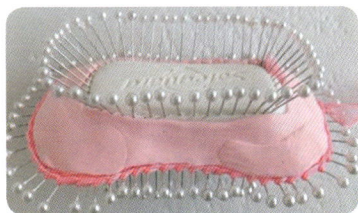

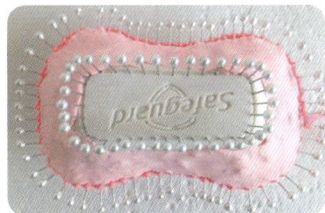

3　在上侧面用粉红色缎带在两排大头针间成平行排线，后用桃红色缎带在花篮顶部平行排线，线头做成小花。

053

4　在花篮的下侧面，用同样的方法进行排线，后在底部大头针处向里成"又"字形单向绕线7～9圈，形成花篮底部，线头放进底部，做成小花。压齐白色珍珠大头针。

5　在花篮的顶部，用白色大头针插出半立体的心形形状。然后制作几朵粉红色小花及花叶，插在花篮的心形旁边。

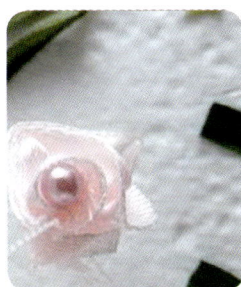

**6** 用紫色的22号软铅丝进行四角辫编制，编好后，用普通大头针固定。

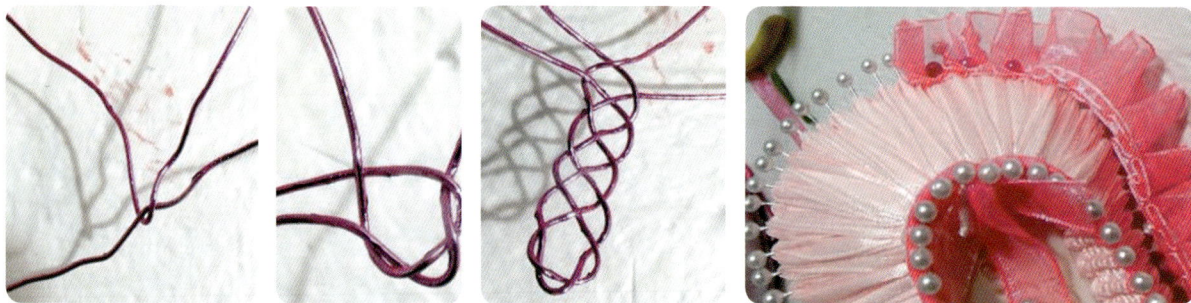

**7** 用白色珍珠大头针把四角辫固定在花篮的适合位置当提手。然后把桃红色皱折花边（借用针线）固定在四角辫上。

**8** 用针线根据一定的间距进行缝合，对花边进行整理，完成制作。

# 杯形盆景

**材料说明：**

1. 长方形和椭圆形香皂各一块，白色、彩色珍珠大头针各一盒。

2. 柠檬黄缎带一卷，柠檬黄、橘红、银色、中黄、白色涤丝带各一卷。

3. 玫红色、粉红色、紫色假花各两朵，绿色树叶四瓣，绿色铅丝两根。

4. 超轻黏土若干。

1 把长方形香皂切成4块，每块修整边缘，形成圆柱体。

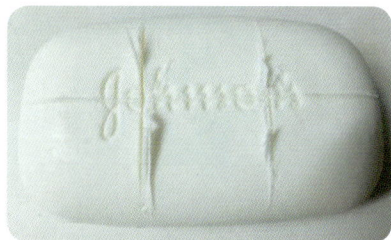

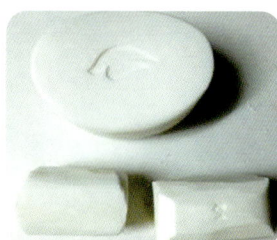

2 在其中两圆体中间钻孔，对穿后用超轻黏土相连，用缎带穿过钻孔，再次固定。把白色珍珠大头针外斜插在长圆柱体上下两头，成圆形。

3 在椭圆形香皂上边缘处，斜插白色珍珠大头针，在下边缘处插上白色珍珠大头针。用柠檬黄缎带在上边缘珍珠大头针处成"又"字形绕线1圈，后成"经纬编"绕线6圈。

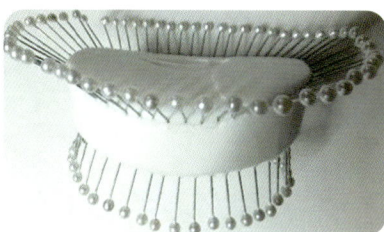

4 将柠檬黄超轻黏土粘在香皂底部，垫高弄平。后用柠檬黄缎带成"8"字形绕线。

5 香皂底部也用柠檬黄缎带成"8"字形对向绕线，在香皂侧面粘上超轻黏土，风干后，用缎带成"8"字形上下绕线。

6　在圆柱体上底面和下底面，用柠檬黄缎带成"8"字形对向绕线，之后在上底面成"又"字形绕线3圈。在侧面，用黄色缎带绕线加固，之后粘上超轻黏土，呈上宽下窄。

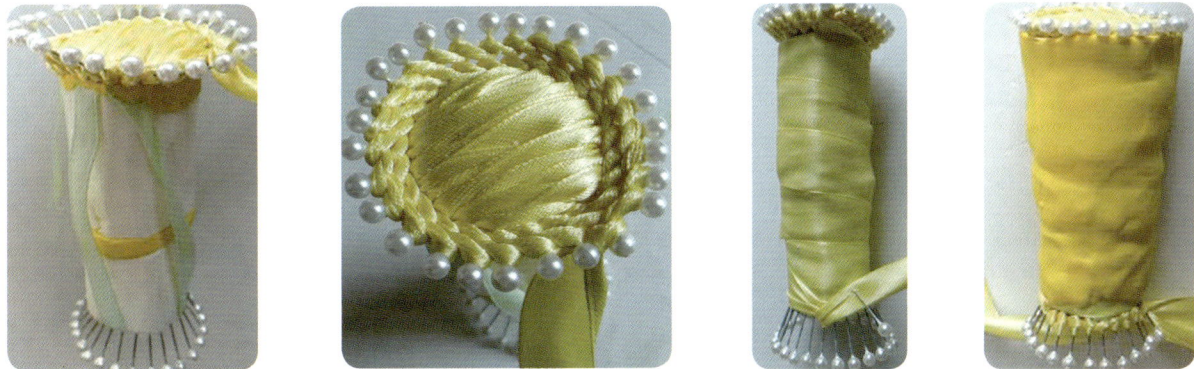

7　上下底面间，用白色珍珠大头针成"S"形直插。用柠檬黄缎带在圆柱体侧面成"8"字形绕线。

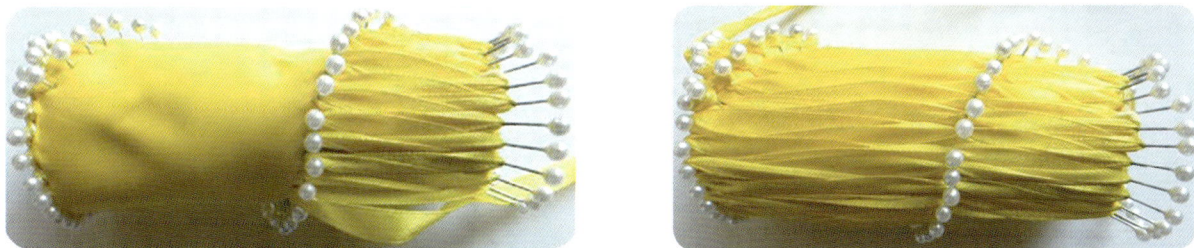

8　在"S"形珍珠大头针间用柠檬黄缎带成"又"字形绕线正反各一圈。

正向"又"字形绕线　　　"又"字形绕线

9　在圆柱形底部，用柠檬黄缎带成"又"字形绕线一圈，"经纬编"绕线4圈，之后又成"又"字形绕线一圈。把圆形体和椭圆肥皂用超轻黏土相连，后用黄色珍珠大头针斜插固定。在圆柱体侧面上部，用普通大头针斜插出一个圆形。

10 在两块香皂连接处的普通大头针和白色珍珠大头针间，成斜向"8"字形绕线。整个造型形似酒杯。

11 用缎带及白色涤丝带，制作双层小花50朵，颜色有橘红、中黄、紫色、柠檬黄等，各色混搭，密集直插在酒杯上侧部。在酒杯顶部边缘处，用中黄涤丝带皱折固定装饰，再绕圈斜插柠檬黄涤丝带小花。

12 准备绿色铅丝及成品红花绿叶，对铅丝造型后，与成品花相连。

**13** 各铅丝造型略有区别，铅丝与成品绿叶相连，用绿色珍珠大头针把各花、叶固定在酒杯顶部适当位置。调整树枝、树叶、花朵的方向、形状、位置，完成制作。

# 欧式盆花

**材料说明:**

1. 椭圆形香皂两块，白色、彩色珍珠大头针各一盒。

2. 湖蓝色缎带一卷，各色已成形的缎带月季花若干，黄色双层蕾丝花边、白色花边若干条。

3. 22号蓝色、红色、紫色铅丝各一根。中黄色、柠檬黄、湖蓝色和深蓝色羽毛各一根。

**1** 把一块椭圆形的香皂切半，雕琢成圆饼形，在另一块椭圆形香皂上，沿外轮廓线向外斜插白色珍珠大头针。用珍珠大头针把圆饼形香皂和椭圆形香皂相互固定，盆花基本廓型确定。在圆饼形外围画圆痕，插白色珍珠大头针。

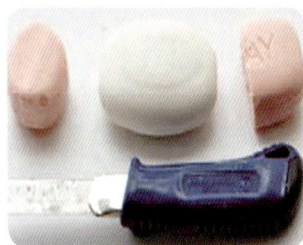   

**2** 在圆饼形和椭圆形香皂连接处稍下部位，下斜上插成排的普通大头针。在圆饼形香皂底部珍珠大头针部，用湖蓝色的缎带成"又"字形绕线四五圈后，用缎带在底部大头针和普通大头针处成"8"字形绕线。

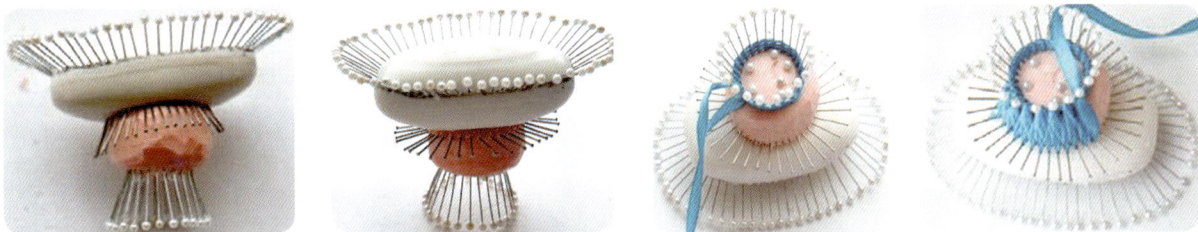

**3** 把湖蓝缎带转到椭圆形香皂整排珍珠大头针处，和下排的普通大头针处一起全面绕线。绕线法同上。对椭圆形香皂上底面成"8"字形绕线，在边缘成"经纬编"绕线六七圈。

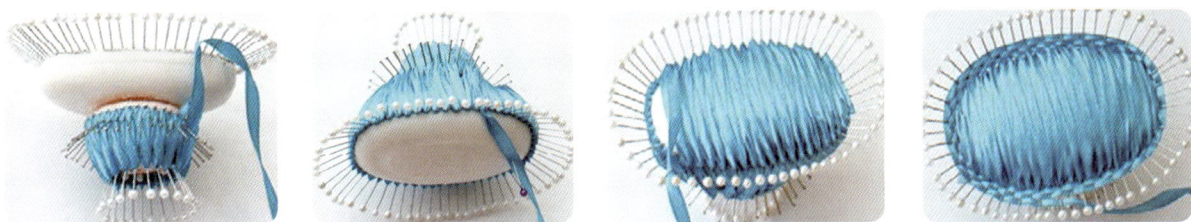

**4** 装饰花盆侧面部分时，可以运用已经成形的各色缎带月季花及其他各种各样的小花。把大小、花色不同的缎带花和亮片等按有聚有散、有大有小、有深有浅的原则进行固定，可反复调整，使之美观有型。

061

**5** 用黄色双层蕾丝花边沿椭圆形香皂边缘固定。用白色涤丝带进行皱折装饰，在边缘处固定白色花边。将羽毛和大花固定在适当的位置，羽毛固定借助于有色铅丝与珍珠大头针。有色铅丝可造型装饰。最后制作一些重叠花，进行装饰、美化与固定。

# Part 4
# 民族风格篇

## 灵感解读

人静皎月初斜，江水流尽春光
听虎头鞋与绣花鞋诉说流年
不说乡思，不叹秋至
闻说故国香稻已熟
缎带在指尖慢慢生长
飘进夜色
系在梦的最深处
飘溢着湖蓝、翠绿、鹅黄、绛红……
在每个人心里，永远有一个最本真、最柔软的地方
而她，就在那个地方等着你

# 神杯

064

**材料说明：**

1. 椭圆形香皂一块，白色和彩色珍珠大头针各一盒。
2. 橄榄绿缎带一卷，传统纹饰电脑绣云纹图样若干，彩色珠子若干。
3. 绿色23号铅丝若干。

① 把椭圆形香皂对半切开，取其中半块，在两头画圆圈，斜插珍珠大头针。

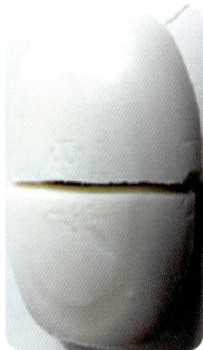   

② 在杯面大头针间，用橄榄绿缎带成 "8" 字形绕线，在侧面上下排珍珠大头针间，也同样绕线。

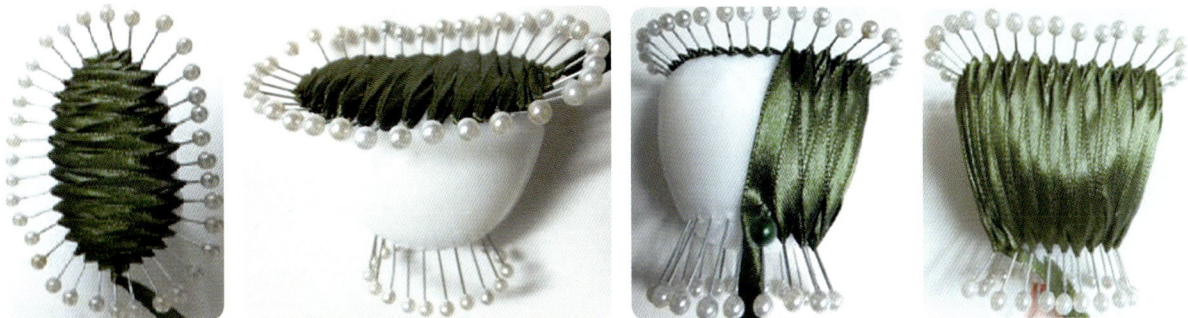

③ 在底部珍珠大头针处，用橄榄绿缎带先成 "8" 字形绕线，后成 "又" 字形单向绕线5～6圈。在杯面珍珠大头针处成 "又" 字形单向绕线3圈。

④ 挑选电脑绣花纹饰，修剪装饰固定。

⑤ 用绿色23号铅丝折剪成耳朵形，用其中一根长铅丝匀称绕圈，做成茶壶手柄并固定。挑选一些珠子，固定在上面中间处成壶盖柄，固定在侧面合适位置成壶嘴，至此制作完成。

# 酒 樽

**材料说明:**

1. 椭圆形香皂一块,白色、彩色珍珠大头针一盒。

2. 橄榄绿、深绿色、黑色镶金缎带各一卷,电脑绣云纹图案若干。

3. 超轻黏土若干。

① 把椭圆形香皂对半切开,切割塑形,用同色超轻黏土塑形。在酒樽口部随形斜插白色珍珠大头针,底部用白色珍珠大头针斜插出3个圆形。

② 在底部3个圆形间两两成 "8" 字形绕线,将间隙有序绕满,在3个圆圈内部成 "8" 字形绕线。

③ 在口部，用黑色镶金缎带成"8"字形绕线。在侧面，用深绿色缎带成"8"字形绕线。

④ 用深绿色缎带在各足部成"又"字形绕线，后用橄榄绿缎带成"经纬编"绕线。注意"经纬编"绕线圈数变化。把缎带线头制作成小花，装饰在足部圆圈内部。

⑤ 在口部，用深绿色缎带成"又"字形绕线1圈，用深绿色缎带成"经纬编"绕线2圈，左右部分分开绕线，左边用深绿色缎带成"经纬编"绕线3~4圈，右边用橄榄绿缎带成"经纬编"绕线3~4圈，后用黑色镶金缎带成"又"字形绕线1圈。把各缎带线头制作成小花，装饰在合适的位置。

⑥ 修剪云纹电脑绣，建议用蓝色或绿色的珍珠大头针固定在侧面。酒樽制作完成。

五彩鸟

**材料说明：**

1. 不规则的圆形香皂一块，黑色、彩色珍珠大头针各一盒，普通大头针20根。
2. 群青、黑色缎带各一卷，红色、淡蓝色缎带20厘米，电脑绣片若干，各色羽毛若干。
3. 蓝色23号铅丝若干。

① 在不规则的圆形香皂边缘处，直插黑色珍珠大头针成两排不规则圆形，在其中一面，插上普通大头针成弧形。用群青缎带在如图中位置成"8"字形绕线。

② 在图中半月形处用黑色缎带成"8"字形绕线；在反面，用群青缎带成"8"字形绕线；在侧面，用群青缎带成平行绕线；在反面黑色珍珠大头针处，用黑色缎带成"又"字形绕线一圈。

③ 选择合适的电脑绣图案，修剪，贴片固定。在香皂侧面、眼睛前方，用红色珍珠大头针插出嘴形，用红色缎带成"又"字形绕线一圈，后成"经纬编"绕线。

④ 选择所需的羽毛，用蓝色23号铅丝制作出便于固定的造型，用大头针把羽毛固定在尾部。

⑤ 羽毛的固定顺序是先上后下，先中间后旁边，一根根固定，讲究错落有致。

069

# 如意挂件

**材料说明：**

1. 椭圆形香皂一块，白色、彩色珍珠大头针一盒。

2. 粉红色、柠檬黄缎带一卷，金镶白花边20厘米，湖蓝色、黑色镶金、桃红色、淡紫色缎带及绿银葱带各150厘米，长为50厘米黑色乡花线一根。

① 把椭圆形香皂斜向切开，取一半，在被切部位画椭圆形，斜内插白色珍珠大头针，在如图所示位置直插成排珍珠大头针。

② 在椭圆形大头针与成排大头针间，用粉红色缎带成 "8" 字形绕线。在椭圆形大头针内，用柠檬黄缎带成 "8" 字形绕线。在椭圆形和成排大头针上，用湖蓝色缎带成 "又" 字形绕线1圈。在成排大头针上，用绿银葱带成 "又" 字形绕线1圈。

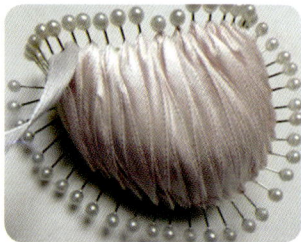

③ 把各线头制作成小花，装饰在合适的位置。把金镶白花边固定在各大头针边缘处。在花边的间隙，用桃红色、粉红色等彩色珍珠大头针成花形装饰固定。

④ 把20厘米长粉红色缎带成"S"形单向打圈，如图穿越"乂"字形装饰线，继续单向打圈到一定极限，两头交集成一起，即成"S"形绳，两接头打结固定。

⑤ 取粉红色、桃红色和淡紫色缎带，抽去纬线，如图所示，把各色经线丝排在一起，用黑色绣花线打结成穗，和"S"形绳连在一起。用珠子、亮片装饰椭圆形内部。

⑥ 把制作的各色小花用针线固定在一起，成球形。粉红如意挂件制作完成。

小虎鞋

**材料说明:**

1. 两头稍翘的长方形香皂一块。

2. 红色、玫瑰红色、白色缎带各一卷，电脑绣花花边若干，22号彩色铅丝若干。

3. 白色、彩色珍珠大头针，普通大头针。

1. 用圆珠笔在香皂正面画上图形，定鞋面帮口。在香皂反面画椭圆形，定出鞋底形状。

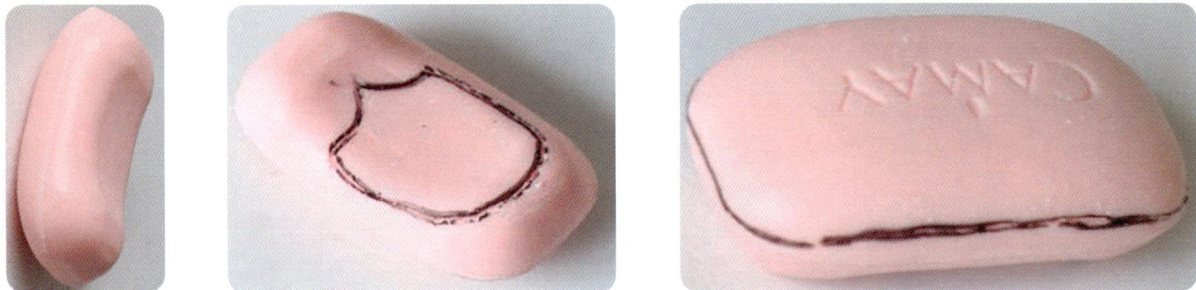

2. 在鞋面画痕位置，垂直插上普通大头针。在鞋底侧面画痕处，直插白色珍珠大头针。

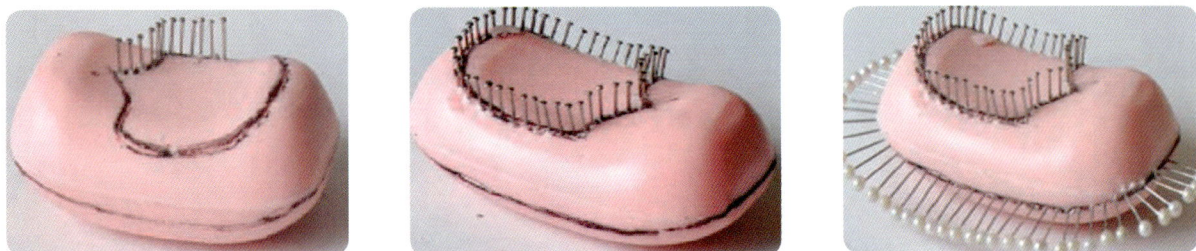

3. 在帮口部位用玫瑰红缎带成"8"字形绕线，在鞋底处用白色缎带成"8"字形绕线。

073

4. 绕完鞋底部后，用红色缎带以同样的方法在鞋帮部位绕线。

5. 绕好鞋帮部位后，把红色缎带转向普通大头针处，成"又"字形绕线1圈。在鞋底部，用白色缎带成"又"字形绕线2圈，所有线头做小花并固定在旁边合适处。

寻找合适的花边，剪成老虎耳朵的形状并固定，用彩色铅丝制作出眼睛并固定。

寻找合适花边，剪出老虎鼻子的形状并固定在两眼中间，注意两眼的对称，适当调整。用彩色铅丝制作5个圆圈备用。

把5个圆圈固定在鼻子的下面，形成嘴巴。脸部五官可以采用夸张的表现手法。

用红色缎带编三角辫，固定形成鞋带。用22号彩色铅丝制作成各色圈圈，固定在鞋底。小虎鞋制作完成。

# 虎头鞋

**材料说明：**

1. 骨头形香皂一块，白色、彩色珍珠大头针各一盒。

2. 红色、绿色缎带各一卷，黑色丝线一根，黄色缎带一段。电脑绣花花边若干，大红超轻黏土20克，22号各色铅丝各一条。

3. 超轻黏土若干。

1 在骨头形香皂上用圆珠笔画痕，定鞋子帮口。在香皂反面画出鞋底部形状。

2 用绿色珍珠大头针由外向里斜插鞋面和鞋底。

3 用绿色缎带在鞋里部成"8"字形绕线，鞋里全部绕线。后转线到鞋底，成"又"字形绕线2圈。

4 用绿色缎带在鞋底部成"8"字形绕线。后转线到鞋面处的珍珠大头针部位，成"又"字形绕线1圈。

5 继续用绿色缎带成"经纬编"绕线6圈。在鞋子帮面用红色超轻黏土塑形，用白胶粘贴。

形状确定后，在鞋帮和鞋头连接处插上成排大红珍珠大头针。在鞋跟部位，用红色缎带成"8"字形绕线。

在鞋头成"8"字形绕线。鞋面绿色珍珠大头针处可绕多次，鞋底部珍珠大头针处只绕一次。要灵活绕线。

在红色珍珠大头针处，成"经纬编"法编线，中间部位先编，两边逐级扩展，形成中间高、两头低的编线形状。

在鞋里部绿色珍珠大头针处，用红色缎带成"又"字形绕圈1圈。

剪出所需电脑绣纹样，放置在鞋子头部合适的位置并固定，形成老虎的五官。固定时，先鼻后眼眉，注意两眼对称。在两眉之间，用黄色缎带和黄色珍珠大头针插出"王"字，使之对称而醒目。

把彩色铅丝弄成圈形放置在眼睛的中间部位，以增加炫目的感觉。用铅丝制作圆圈5只，固定成嘴巴，拨弄圈形铅丝头，以增加立体感、生动感。

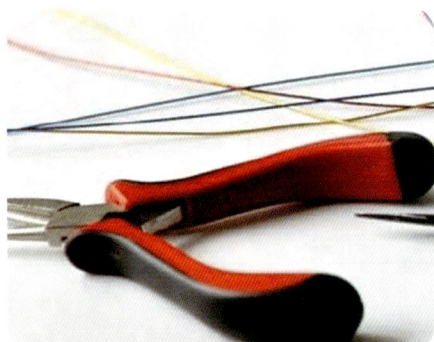

鞋跟处也用花边进行装饰固定，用红色缎带编三角辫，固定在尾部。这样，一只虎头鞋就制作完毕。

# 绣花鞋

**材料说明：**

1. 椭圆形香皂一块，白色、彩色珍珠大头针各一盒。

2. 橘红色、乳白色缎带各一卷，湖蓝色、柠檬黄缎带50厘米，蓝色电脑绣花边若干，22号彩色铅丝若干。

3. 超轻黏土若干，白乳胶若干。

1 在椭圆形香皂上，用圆珠笔画出如图形状，作为绣花鞋鞋面与帮口形状。在香皂侧面画斜线，形成鞋底部前低后高的形状。

2 在鞋面划痕处插上深蓝色珍珠大头针，注意插针时鞋前珍珠大头针垂直插，鞋后跟外向内斜插，后跟处针留长些在外面，从鞋帮到鞋头，插针留长逐渐变短。在鞋底部椭圆处和斜侧面划痕处垂直插白色珍珠大头针。针脚间隔距离为一个珍珠宽度。转弯处插针要灵活运用，使之美观又实用。

3 用乳白色缎带在鞋子正前头的白色珍珠大头针处成"经纬编"绕线，先从中间3颗珍珠大头针处进行，逐渐发展到5颗珍珠大头针间的"经纬编"绕线，后迅速延伸扩展到整个鞋头，使之成月牙形。绣花鞋尖尖的鞋头底模造型完成。

4 在深蓝色珍珠大头针处，即鞋里位置用乳白色缎带成"8"字形左右绕线。鞋里面绕完后，在深蓝色珍珠大头针处成"又"字形绕线1圈，后在靠近鞋后跟的深蓝色珍珠大头针处成5颗珍珠大头针的"经纬编"，后扩展到9颗珍珠大头针的"经纬编"，绕完整个内鞋帮。

**5** 在内鞋帮上面，用乳白色缎带在靠近深蓝色珍珠大头针处，再次成"又"字形绕线1圈。之后缎带转向鞋底部位，在鞋后跟处用"经纬编"对鞋底后跟部多次绕线，使后跟高，鞋底前部少绕线，使之低。然后在鞋底成"8"字形绕线。这样，前低后高的鞋子造型完成。

**6** 用绿色或者乳白色超轻黏土涂上白乳胶，粘在鞋头和外帮面处，利用超轻黏土把一些凹进去的部位塑形，使之丰满起来。并且要求鞋头、外鞋帮处左右对称。采取同样的方法，在鞋底侧部用超轻黏土塑形。

081

**7** 等超轻黏土经过3小时风干后，用乳白色缎带对鞋底侧面成"8"字形左右绕线。要灵活用线，使之美观。

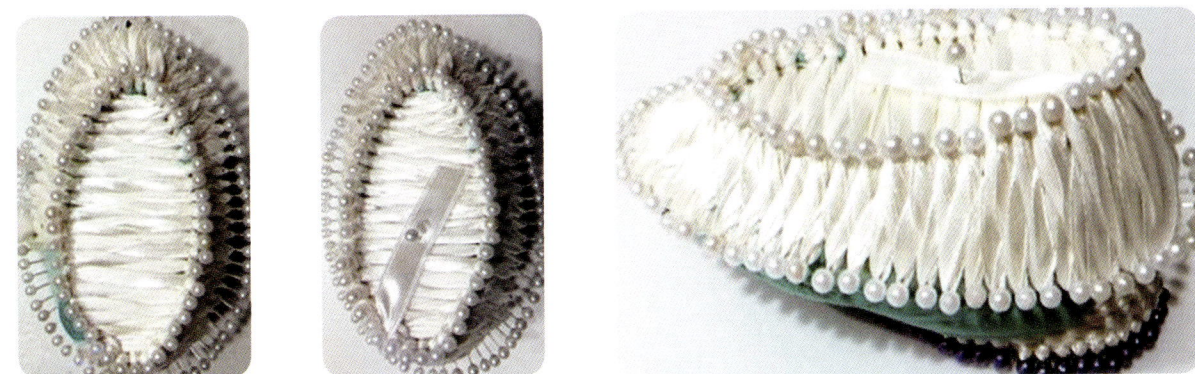

**8** 用橘红色缎带在鞋面部成"8"字形绕线，整个鞋面都绕完整。后在整排深蓝色珍珠大头针处用湖蓝色缎带成"又"字形绕线1圈，在白色珍珠大头针处用柠檬黄缎带成"又"字形绕线1圈。线头（缎带）都做成小花。

寻找色彩和纹样合适的电脑绣花花边，修剪，放置在鞋头部位。反复思考位置、纹样，修改后固定。

各色珍珠大头针起装饰和固定作用。用2根22号彩色铅丝，弄成绳形后固定在鞋里转弯处装饰。就这样，一双富丽古典的绣花鞋就制作成功了。

# 红鲤鱼

**材料说明：**

1. 椭圆形香皂一块。彩色珍珠大头针和普通大头针各一盒。

2. 红色、草绿色缎带各一卷，宽2厘米、长30厘米的红色和绿色涤丝带各一条，宽6厘米、长10厘米的红色花边一条，电脑绣花片若干。

3. 超轻黏土若干。

准备一块椭圆形香皂，用蓝色记号笔画出鱼头、眼睛、嘴巴、鱼鳍（背鳍、腹鳍）的位置，以及腹部对称地方的交界线。然后用红色珍珠大头针在鱼头与鱼身相交的位置插针，在嘴巴和尾巴部位以及腹部对称地方的交界线，背鳍处都使用红色珍珠大头针插线，腹鳍部针留长些。用大红色超轻黏土对鱼身体部位塑形，使之更加丰满圆润（需风干3小时）。

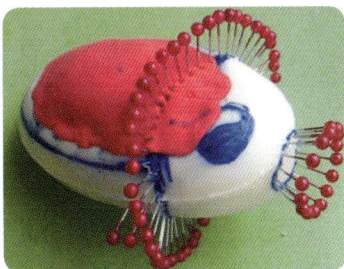

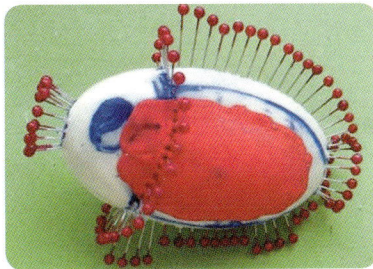

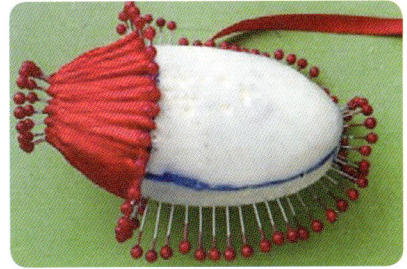

用红色缎带先后在鱼头处、鱼身处成 "8" 字形绕线。绕线可遵循少针多绕、多针少绕，或绕一次的原则，要灵活绕线，以达到美观实用的效果。

用红色缎带在鱼腹、鱼头身交界处、鱼尾的珍珠大头针处按 "又" 字形朝里绕线。鱼腹处反复绕两遍。

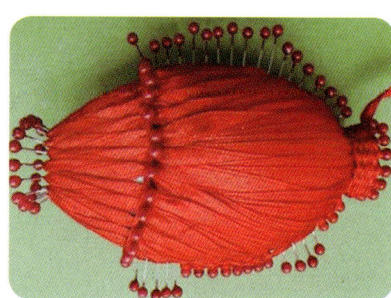

084

在鱼尾部成 "经纬编" 绕线10圈左右，在鱼背鳍部用草绿色缎带成 "经纬编" 绕线，以背鳍中间开始编，中间多编，两头少编。尾巴部位用草绿色缎带成 "又" 字形朝里绕线1圈。腹鳍部也用草绿色缎带成 "经纬编" 绕线，鱼头部位用草绿色缎带成 "又" 字形绕线1圈，与红色缎带 "又" 字形绕线样式刚好相反。

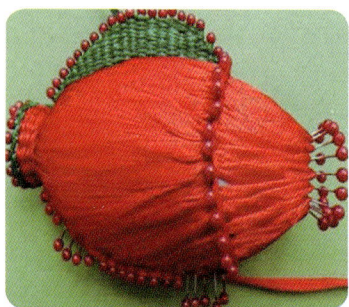

在鱼嘴部位先用草绿色缎带成 "8" 字形绕线，后用红色缎带成 "又" 字形朝里绕线1圈。

寻找合适的电脑绣图案，剪下需要的形状，作为鱼眼睛，鱼眼瞳孔用3颗白色珍珠大头针完成装饰，另外取多色珍珠大头针装饰瞳孔旁边及固定鱼眼。

用红色涤丝带皱折固定，装饰鱼尾。

用红色花边继续皱折后固定，装饰鱼尾，目的是使鱼尾有层次感。用绿色涤丝带进行皱折，用普通大头针进行固定，用来装饰背鳍、腹鳍部位。寻找合适的电脑花边图案，修剪后，装饰鱼身。

用各色珍珠大头针先大致固定鱼身上的电脑绣图案，可反复揣摩、改变位置，使之美观。鱼身两面的图案纹饰可以不同，以增加装饰美感及灵活变化之趣。这样，完成红鲤鱼制作。

# 后 记

## 体验百变"皂"型之路

本人无意间进入"皂"型艺术这片领域，已有十几年了。其间我的作品深受学生与朋友们的喜爱，"皂"型范例也多次获奖，这促使我愿意将"皂"型制作方法与大家分享，并决定写一本关于"皂"型艺术与创作的书。

本人在"皂"型艺术课的教学过程中不断地"做中学，做中研，研中学"，反复琢磨、制作、设计，逐渐整理出一套教材。

本书融入现代的审美情趣和时尚理念，有利于提升制作者和欣赏者的审美能力；运用简单的方法和技法，引领初学者把生活中常见的香皂变成手工艺术品，让他们体验到纯手工制作的乐趣。

本书按照难易程度编排内容，以富有创意的香皂实物教具为范例，以实践中积累的经验为主体，提高读者对"皂"型手工艺品制作的领悟能力与制作能力。

手作是一种态度

艺术是灵动的，掌握基本"皂"型设计的方法后，要尽量尝试和变通，按自己的想法绕线、配色，自主创新、设计制作出色彩鲜艳、样式独特、外形精巧、香气扑鼻的艺术品。这些作品，对制作者和观赏者在嗅觉上和视觉上会产生很强的冲击力，令人爱不释手。它们可作为初学者的摹本、教学者的教具、朋友间的礼物、家居的小摆设、日常的香熏物品，为风轻云淡的闲适生活增添一抹小资情调。

唯有不断地制作训练、总结方法，才能使你的作品日益精美，希望本书可以使你有更多的创新和感悟。

蒋海青

2015年4月